U0018229

細菌群像

**Winzig, zäh
und zahlreich**
EIN BAKTERIENATLAS

魯德格・維斯 Ludger Weß｜著
法克・諾德曼 Falk Nordmann｜繪　劉于怡｜譯

目錄

紀錄保持者 Rekordhalter

生命的廣度 Spannbreite des Lebens

生技產業類 Technische Biotope

奇特的養分來源 Exotische Ernährung

有用的幫手 Nützliche Helfer

可怕的威脅 Bedrohungen

編按：由於本書提及菌株許多在學界尚無統一中譯名，
編輯上以盡可能貼近拉丁學名由來及菌種特性意譯處理，
非學界定名，特此說明。

前言

我七、八歲在明斯特自然科學博物館第一次使用顯微鏡，當場便迷上那個隱藏在水滴裡的花花世界：草履蟲、輪蟲、鐘蟲、各種微藻，還有噗噗跳動的水蚤心臟——一個肉眼看不見的世界在鏡頭下展開，這是個怎樣的大發現。

父母看見我對這個新世界如此著迷，立即給予支持。很快，他們送我一架學生用顯微鏡、一個小水族箱，並幫我訂閱《微生物世界》雜誌。我發現，這樣的神奇不僅存在池塘、小溪、雨珠的水滴中，在盆栽裡的土壤、腐爛的蘋果、一片樹皮，甚至我的口水裡，都有微小的生物蠢蠢而動。

我開始學習如何培養微生物，我的零用錢幾乎全進了試管、培養皿、錐形瓶商店的收銀機裡。城裡的老藥房，提供我所有玻片標本製作所需的化學材料，如苯、甲苯、二甲苯、苯甲醛、甲醛、異丙醇、封片膠等等，這種情況在今日根本就像天方夜譚，難以想像。我會去市立圖書館透過遠距服務系統申請借閱專業書籍，通常在送出借閱單一至二星期內，就會送來一大疊影印本。我的房間不是瀰漫著化學藥品的刺鼻味，就是乾草浸液發出的霉味；我會在廚房煮培養液，用烤箱消毒培養皿，灌入洋菜培養基，

以便用來培養各種酵母和細菌。

　　我最得意的傑作是一盞由發光細菌組成的微生物燈，類似一九〇一年布拉格大學植物生理學家漢斯・默里許在奧皇法蘭茲・約瑟夫一世面前所展示的那一盞。我從鯡魚的鱗片分離出帶磷光的細菌，放在一只大燒瓶裡培養繁殖。這盞微生物燈所發出的蒼白亮光，能讓我在昏暗的房間中閱讀，可惜這愉悅只持續了一夜。

　　我對細菌的興趣還跟童年所發生的世界大事有關，也就是人類登陸月球，以及發射太空探測器，就近測量並拍攝金星與火星圖像，探索這些星體上是否存有生物──有的話說不定是細菌。

　　第一波傳回關於金星和火星的資料看不出任何跡象，但一九七一年美國太空總署NASA研究人員在好幾個隕石裡發現構成生命的組成要素。這個發現引起一陣喧嘩：細菌是藉著天體間的碰撞，穿越整個宇宙，進入其他行星及衛星上繁殖的嗎？「泛種論」認為原始的生命形式附著於隕石上，在宇宙間四處流散的說法是真的嗎？地球上的生命，就是這樣出現的嗎？

　　我開始大量閱讀有關外星生物學的文章和書籍，這是一門新興的學科，專門研究生命起源的基本條件。我驚訝地發現，來到地球的細菌要適應的環境條件是多麼地嚴苛險峻。

　　愈深入了解，問題也就愈多，最後，我進大學毫不意外地選擇主攻生物學，決意深入研究。

如今我已不再投身於研究行列，改為報導別人的研究及新發現，但我仍然對身邊肉眼看不見的世界充滿興趣。細菌最吸引我的地方，一直都是它們那近乎無極限的強大適應力，能在對我們來說荒涼而空無一物的生存環境下找到食物。多年來，我一直特別關注微生物中所謂的「嗜極生物」，也就是活在極端環境下的生物。那樣的環境，從人類的角度來看根本毫無生存的可能，例如極熱的溫泉、冰凍或乾燥的地理環境，或是強酸及強鹼之中，以及無法想像的高壓環境下。

我在這本書裡，一方面希望展現細菌這種生物千變萬化的樣貌以及其生存環境，另一方面也想點明，這些細菌不僅影響我們的經濟及日常生活，也與健康和疾病有莫大的關係。此外，我還想介紹一些在不久的未來對人類極有大用的細菌，它們將為我們清理垃圾及殘留物，幫助節省能源，或增進糧食生產的效率，促進人體健康。

就這樣，本書選出五十種細菌為之一一作傳，這數目比起族繁不及備載的細菌家族來說實在太渺小了，不過，或許已足夠令讀者對這種千變萬化的奇特生物產生興趣，進一步了解細菌。

魯德格・威斯

導論

地球其實是個細菌星球：每公克土壤所含的菌數約一千萬，每茶匙池塘水約含一百萬，每立方公尺的空氣含約一千。[1]地球生成後出現過幾次大浩劫，動物植物生來死去，只有細菌，每次都活下來了。

至少在三十八億年前，地球上便已出現細菌，出現的地方很可能是在海洋底部熱泉噴口附近，那附近的水通常含有豐富的礦物質。直到今日，地球上大部分的細菌還是生活在海裡或是海床底下。不過，這其實很合理，畢竟地表三分之二都為海洋覆蓋，而且海洋平均深度達四公里。也就是說，地球上百分之九十九的生物圈都是鹽水環境，或是含鹽沉積物和土壤。

最近，人們還在地殼下五公里深處發現細菌的存在。據推測，所有活在地底生物圈的細菌總重量約一百五十億至二百三十億噸重——超過全世界人類體重總量的一百倍。若將所有活在地球上的細菌基因體排列起來，這一長列將會排到人類認知下宇宙的最遠端。

從海洋為基地，細菌慢慢擴散到地球各個角落。今

[1]　審定注：實際的數目隨不同環境而有很大變化。

日，我們不僅可以在極熱或極冷，異常乾燥或潮濕的環境裡發現它們，還可以在岩層深處、喜馬拉雅高峰，在結晶鹽、在酸或鹼中發現它們；它們能與重金屬共存，能在核子反應器或火山玻璃裡生存，就連占地球陸地三分之一的沙漠，也就是年降雨量低於二百五十毫米的地區，都是細菌的重要棲居處。而對這類沙漠微生物的研究，尚處於開始的階段。

細菌的抵抗力也令人嘖嘖稱奇。它們可以陷入沉睡狀態幾百萬年才甦醒；它們也生活在我們身邊、體表以及體內，是我們皮膚的守門人，幫助我們消化；它們是我們免疫系統的好幫手，同時卻也是致病的病原體。此外還是家務的好幫手：沒有細菌，就不會有酸種麵包[2]，也沒有酸菜、優格、韓國泡菜。

細菌的多樣性也夠令人瞠目結舌。就形態來說有球狀、桿狀、逗點狀、絲狀、星角狀、甚至還有長方體。有些細菌有鞭毛，有些沒有，有些單獨生活，有些則群聚。細菌能彼此溝通，相互合作，且有互換基因的能力。它們還會從別的生物身上「竊取」基因資料，甚至能將化石裡的DNA納入自己的基因體裡。

過去很長一段時間，大部分的人所認識的細菌都是可怕的病原體。細菌會帶來致命的瘟疫，這樣的印象一直根植在人類的集體記憶中。不過，由於疫苗和抗生素的發

[2] 酸種（Sourdough）又稱野生酵母，由穀物上多元微生物群組成，發酵慢但風味豐富多變，有別於商業酵母的單一菌株。

現，這種印象已不復鮮明。而且，現在我們也知道有些細菌原來就生活在腸道裡，也是土壤中的重要生物。不過，若說各位讀者此刻手上的這本書，紙頁和黏膠裡也有細菌，不少人應該還是會覺得可怕。

時至今日，科學家鑑識出的細菌超過一萬四千種，其中約有一千四百種是病原菌。到底細菌種類共有多少，沒人能夠確定，但從海水和土壤的最新研究可以推測，細菌的種類約為 10^{12}[3]，大約是太陽系裡星球總數的五倍。

因此，本書挑選出來的細菌種類實在無法反映出這個生物驚人的多樣性。就連現今的紀錄保持者，像是最大或最小的細菌，最能抵抗強酸強鹼或極冷極熱環境的細菌，明日可能又有別的細菌打破紀錄。未來幾年或幾十年間，一定會再發現一些能力不可思議的新細菌，甚或透過合成生物學被研發出來。

不過，到底細菌是什麼？人們又是透過什麼方式認識它們？

發現看不見的世界

雖然細菌無所不在，而且上古時代的人們就懂得用細菌來製作及保存食物，但要到三百五十多年前，人們才發現其存在。原因很簡單：除去一些極少數的例外，我們無

---

[3] 亦有研究認為介於百萬至千萬種，學界未有定論。

法用肉眼看到細菌。第一個看見細菌的人，很可能是生於一六三二年的荷蘭布商安東尼・范・雷文霍克。為什麼他對顯微鏡這麼感興趣，已經無從得知，但為了這項興趣，他放棄布料生意轉而研究大自然，透過顯微鏡觀察所有他那個時代所關注的事物，像是血球在血管裡的流向，以及青蛙或大蚊這些生物的生長演變。他一生中製造出數百具顯微鏡，以及更多鏡片。其中一座能放大二百七十倍、顯像完美的顯微鏡，更是將當時的同類儀器全比下去，使極微小的物體也能清楚呈現在觀察者眼前。

一六八三年八月雷文霍克生了一場病，舌頭布滿舌苔，導致味覺失靈，因此他萃取各種香草及香料汁液以檢查自己的味覺。三星期後，也就是一六八三年九月，他恢復健康，偶然發現被忘在一旁的玻璃杯，裡頭胡椒萃取汁液已變得混濁。他將液體拿到顯微鏡下查看，發現水中有所謂的「小動物」（animalcules），正活潑地動個不停，這非常可能就是細菌。不過他並未就此打住，而是繼續檢查自己嘴巴，取出牙垢作為樣本查看，再度發現「小動物」。他將眼中所見繪製成圖，寫下詳盡的觀察報告，連同樣本於一六八三年九月十七日交付郵寄，送往位於倫敦的皇家學會[4]。

我們今日能知道這件事，是因為一九八〇年代英國記者布萊安・J・福特為了多了解雷文霍克這個人，到皇家

---

[4]　全名為倫敦皇家自然知識促進學會。

學會檔案室找資料，偶然發現九個包裹，每個都用牛皮紙仔細地裹了四層。令福特訝異地，這些雷文霍克生前寄到倫敦的包裹裡，除了信件與繪圖之外，還有三十九架顯微鏡和上百件樣本。

以現代儀器再次檢視這些保存良好的樣本後，我們可以確定，雷文霍克的確看到了牙垢中典型的細菌。

雷文霍克的發現在十七世紀並未引起轟動，儘管透過顯微鏡能看見細微的小生物，但當時的技術還無法真正研究這些小生物的形態、外表、內部構造。要研究這些東西，需要更高的解析度。而且在室溫環境下，微小的物體會不斷抖動，無法真正對焦，即今日大家所熟知的布朗運動[5]。

此外還有許多問題：這些桿狀、球體或弧狀的東西又是什麼？其中那些不動的東西也活著嗎？它們是動物或植物？還是植物的一部分？是同種生物有著不同的形態？它們會變形嗎？最重要的問題則是：這麼微小的生物，對人類可能具任何意義嗎？

上述這些問題一點都不可笑，畢竟在那個時代，對生命起源和演變的解釋，還非常原始粗糙。

直到十九世紀，醫學界仍然認定，疾病的傳染是因有毒的蒸發氣體，也就是瘴氣所導致。這種推論很容易想像，當時城市既沒有地下水道也沒有垃圾處理，空氣充斥著垃圾、腐爛的屠宰廢棄物、發臭水溝的氣味，也受一般

[5] Brownian motion，微小粒子在流體中做的不規則運動。

民家爐灶與匠人工坊排放的黑煙汙染。若在鄉下，當時人們確信，染病的主因來自動物糞便所蒸發的氣體，以及腐爛的沼氣。

當時，就算在皇宮裡也無法避開空氣中瀰漫的臭味。社會史學家阿蘭・柯爾本一九八二年便以此為題出版了一本《惡臭與芬芳》，書寫氣味的歷史，其中引用了一段關於凡爾賽宮的史料敘述：

「臭味瀰漫在庭園和花園裡，甚至連皇宮裡都有令人作嘔的氣味。不管是通道、內院、其他附屬建築還是走廊，到處都是尿漬和糞便；屠夫每天早上在皇宮的部長翼殿旁殺豬剁肉；整條聖克盧路上全是臭死人的汙泥和死貓。」

當時大部分的自然研究學者都認為，在溫度、空氣、水、宇宙力量的交互影響下，無生命物質會長出生物，例如破舊衣物和小麥籽會生出老鼠，蚤與蝨則是從人和狗的汗水裡長出。

從忽視到恐懼

雷文霍克之後二百餘年，在一場場激烈的爭辯後，才由法國學者路易・巴斯德和其他學者確認，食物的腐敗與釀酒及其他種種，都是因為這種細微到只能透過顯微鏡才能看見的微小生物所造成，而這些微小生物，可以透過高溫或化學藥品消滅。

巴斯德最劃時代的實驗就是將煮過的高湯裝進長頸玻

璃瓶裡，瓶頸愈往上愈細，裝滿後，將瓶頸加熱熔化密封，裡頭的高湯就可以一直保持清澈，直到折斷頸部，帶菌的空氣飄進去後，幾天內高湯就會開始腐敗發臭。至今還有一只當時他所製做的密封罐，保存在倫敦科學博物館展示，裡頭的高湯仍然清澈無比，沒有任何發餿的跡象。

為了證明東西腐敗不是因空氣本身的化學變化所致，巴斯德用棉球塞住瓶頸，或將瓶頸拉得又細又長並使其彎曲（形成所謂的鵝頸瓶），如此一來雖然空氣能進瓶身，但微生物無法，因為所有固體物件都會被棉球和細長彎曲的瓶頸擋下。

巴斯德所提出的證據不僅證明了導致食物腐敗的微生物不是偶然憑空出現，並且還證明了不同的微生物有不同的生理能力，有些能產生酒精，有些則產生醋酸或乳酸。

從此，人們慢慢開始了解雷文霍克口中「小動物」的繁殖和對人類的意義。最後，人們終於知道它們既不是動物也不是植物，而是自組成一個與眾不同且界線分明的生物「王國」，也就是今日學界所稱之「域」（Domain）[6]。從此，對細菌和對其他微生物的系統性研究就此展開。

與此同時，也就是在十九世紀時，bacterium（細菌，複數為bacteria）這個源自古希臘文，意思為「小桿子」的名稱漸漸為學界通用，並且出現bacillus（桿菌）、coccus（球菌）、spirillum（螺旋菌）等等以形狀作為區分的專有名詞。

[6] 生物分類階層裡的最高級別，目前生物的演化樹包含細菌、古細菌、真核生物三域。

直至今日，細菌一詞在日常生活語言裡，仍用來泛指所有形態的細菌，連一九七〇年代發現的古菌都包括在內。但實際上所謂的古菌，與真核生物（動物與植物）以及細菌一樣，在生物學上自成一「域」。

十九世紀末可說是「細菌學黃金時期」，此時，人們終於開始害怕細菌導致的流行疾病。一八九七年，一份讀者百萬的週刊《庭園小屋》刊登了一篇名標題為〈微球菌和細菌〉的文章（作者署名為「聖醫」），獲得不少迴響。文章裡這麼說：「⋯⋯我們每吸進一口氣，喝下每一口水，吃下每一種維生所需的食物，就有數以萬計這類構造物進入我們體內。」

就連詩人，也開始思索起這個威脅人類性命且無所不在的東西。亞歷山大・莫茲可夫斯基便曾在一八八七年《飛頁》雜誌上發表一篇題為〈細菌滿天下〉的詩：

不，我還是要說！這細菌

從前無人知曉

那時，吃東西還是種樂趣

喝酒還是享受

但在人們發現桿菌

及類似的玩意之後

人類完蛋了

現在所有東西都不健康了

在各種展覽會上細菌被畫得和多頭龍一樣，通俗的科普書處處與細菌宣戰——人類與瘟疫及其病原的大戰。羅伯‧柯霍[7] 在訂立衛生原則，及奠定瘟疫與傳染病防治基礎後，很快就被當英雄崇拜。他被視為細菌最頑強的敵手，他的頭像出現在紀念幣、杯子、啤酒陶杯或是陶笛上。從來沒有哪個學科像細菌學那樣，這麼快就在醫學和社會大眾領域中產生如此重大且深遠的影響。

同時，人們也發現細菌主導了不少人類日常生活中的活動，像是醋的釀造、乳酪的凝結、食物的腐敗，或是腐植土的形成，而且它們還與某些植物有著共生的關係。

如何研究細菌

細菌學剛成為一門學科時，研究人員能夠使用的工具非常有限。顯微鏡仍是研究細菌最重要的工具，只是比起從前，這個時代影像的清晰度和解析度皆已大幅改善。一開始，研究焦點放在如何讓細菌顯像和形態描述上，後者是以繪圖和顯微照相為基礎，焦點在描寫、分類、辨識各式各樣的細菌。

一直要到研究人員學會如何培養細菌後，細菌學的研究才有突破性的發展。一開始，人們將細菌放在馬鈴薯切

[7] Robert Koch，德國醫師暨細菌學先驅，以發現炭疽桿菌、結核桿菌、霍亂弧菌聞名，並提出了用以建立疾病和微生物間因果關係的柯霍式法則。

片、凝固蛋白、生肉塊、高湯裡培養，但這樣很難觀察細菌的生長與繁殖，而且也不是所有的細菌都能以上述食物作為養分。直到柯霍實驗室有人想到，在液態營養劑中加入能使之像布丁般黏稠的明膠，塗在試管內壁薄薄一層，再放在方形的大容器裡待其變硬。

如此一來，細菌終於可以固定在透明的表面繁殖，但試管形狀仍然造成觀察上的阻礙，在試管裡塗上均勻的薄層也很麻煩。但最惱人的問題還是出在明膠上：細菌繁殖最理想的溫度是攝氏三十七度，而明膠在這個溫度下已經開始變成液體。

接下來柯霍實驗室的兩大發明，才終於促成現代細菌學的誕生。這兩大發明，至今仍使用於實驗室：一是以藻類為原料的洋菜做為膠凝劑，二是培養皿。前者是來自紐約的繪圖師兼實驗助理芬妮・安潔莉娜・赫塞的主意，從小她就知道洋菜可以拿來做為增稠劑，而且比明膠耐熱。拿一大一小的圓形玻璃碟當培養皿則是柯霍的同事朱利斯・佩特里的想法：將既熱又濃稠的培養基倒進小圓玻璃碟裡，再拿較大的圓玻璃碟當蓋子罩上去。

如此一來裝有營養劑的培養皿便可以事先做好存放，不會腐敗。而且細菌可以在固定地方生長繁殖，直至形成所謂的菌落，即由單一細菌的細胞分裂成長而組成肉眼可見的細胞聚落，學術上也稱作純種培養。從菌落的形狀和顏色可以分辨細菌種類——直至今日，醫院還會使用這種方式辨識病原菌。藉由顯微鏡和培養皿，人們終於可以確

認細菌與疾病的關係，還有食物發酵的過程，以及許許多多其他細菌所參與的變化。

此外，科學家在發現細菌可染色之後，終於得以將細菌與其他已死亡的有機質區分開來。一八八四年，丹麥醫生漢斯‧克里斯蒂安‧革蘭在試驗各種染劑時，發現其中一種很適合用來將動物組織中的細菌染色。此方法並不適用所有細菌，但其染色結果可以作為分類的依據：直至今日，人們仍將細菌分成革蘭氏陽性和革蘭氏陰性──造成區別的是細胞壁構造的不同，經染色法可讓結晶紫染劑保留其上的，歸類在格蘭氏陽性菌；無法染色的，則歸類在格蘭氏陰性菌，如此一來，細菌便可依細胞壁構造的差異分成兩大類。

受限於儀器的發展，實際上一直到二十世紀上半葉為止，人們都無法看到細菌內部構造：圍於光線波長的限制，光學顯微鏡在解析度上有其物理極限。一九二〇年代人們發現，電子也有波的特性，像光一樣具有折射的性質，這也奠定了電子光學的發展基礎。而這種「物質波」的波長比起可見光波長小好幾倍，從此進入電子顯微鏡的時代。透過現代電子顯微鏡，人們終於可以看到細菌細胞內部，甚至連個別的分子都看得到。二十世紀下半葉，物理學家還發展了一些顯微鏡學的技術，有助於克服傳統光學顯微鏡的物理限制，再運用今日分子生物學和生物化學技術，可以研究細菌細胞內個別分子的作用與控制方式，以及如何互相配合。實驗室所錄製的影片，已能顯現細菌如何攝

取養分，如何交換基因，如何侵入別的細胞等等，甚至還能觀察遺傳物質的活動：一段由英日研究團隊錄製的即時影像內容，便展示出細菌酵素如何攻擊並截斷病毒絲狀的基因體。

儘管已有上述發展，細菌學研究還有一個棘手的問題，也就是細菌樣本難以取得。第一個問題出在細菌常生長在極端的環境裡。要從平流層、南極、海底深處、熱泉或酸性泉，或數千公尺深的岩層中取得細菌樣本，且讓細菌活著送達實驗室研究，非常麻煩。

第二個問題出在細菌的培養上。細菌培養是在實驗室中研究細菌的先決要件，理論上每種細菌都應能在實驗室裡培養才是，但實際上目前能做到的種類比例非常少（可能只有百分之一），其餘細菌生長繁殖的環境條件都太難一一釐清與模擬了。[8]

第三個問題是細菌的數量實在太龐大。地球上細菌的總數比沙礫多上千萬倍，而細菌到底有多少種的推估數值，也有十萬八千里的差別。每一年辨識出來的新細菌就達數千種，但據推測，地球上的細菌種類，至今為人發現並紀錄下來的可能不到百分之一，細菌物種之總數估計則在數千億到數兆[9]之間擺盪。

今日細菌學的新知主要來自分子生物學的研究。如今

[8] 審定注：一般實驗室用的培養基都太營養了，許多自然界的細菌已適應貧瘠環境，常常不能生長。

[9] 此數字學界未有定論。

研究人員不再只是在培養皿中和顯微鏡下觀察研究細菌，而是拿細菌來做定序。也就是說，學者研究重心在找出細菌基因中化學「字母」[10]的排列，以破解其遺傳密碼。研究人員也不再試圖直接辨識出菌種，而是從樣本中分離出所有遺傳物質，進而分析這個總基因體（metagenome）[11]的組成，裡面包含了數萬種不同菌種的遺傳物質。藉由基因庫及演算法，可從樣本中找出已知的菌種，並辨識描寫新菌種。經由電腦分析，還可以知道新菌種與哪些已知菌種的相近程度如何，每個個別菌種具備哪些功能的酵素，以及其可能的生長繁殖環境。從這些分析中甚至可以推斷它們是否可以移動，或者是否會形成孢子。透過這種方式，研究人員最近在人類腸道中又發現了數百種新細菌，儘管人類腸道之前已研究得頗為澈底。

此外，現在開發藥物新成分時，也是從一組生態環境樣中將整段細菌遺傳物質剪下，將這種從總基因體切割下來的片段，按照大小排序，再將其放進各種實驗室已知的細菌裡表現。最後觀察這些基因改造後的細菌能否用新基因製造出新物質，對其他細胞產生預期中的影響。尋找用來生產或分解具商業價值之原料的新酵素，使用的也是相同的方法。這類工作需要大量篩選，多是將微量樣本裝

[10] 此指鹼基對，傳統認為DNA由四種含氮鹼基對adenine、thymine、guanine、cytosine以不同排列方式組成，一般以ATGC四個字母代稱。近期有研究指出可能不只此四種，有待進一步研究。
[11] 指該樣本裡所有生物的基因形成的組合。

在微量試管裡，由機器自動執行並完成分析。

這種新式研究方法非常有效率，但細菌卻不再被當成生物看待。細菌學家幾乎不會再以顯微鏡觀察它們，而培養細菌這種費時耗日的工作也得不到任何支持。更重要的，細菌的分類及辨識重點，不再是外形、體態或如何維生，而是其遺傳密碼。今日發表細菌研究論文的學者，通常連細胞大小都不會提到，而是描述基因體的大小和結構，例如只描述生產出他們目標研究物的基因。但在面對陌生基因時，若沒有一個可被人類培養且具詳盡觀察資料的生物體可供參考時，就很難驗證出這些陌生基因的功能。

要解決這樣的問題就要研發出像高通量培養（high-throughput cultivation）[12]的新技術。利用這個技術，可在極小的規模下同時進行各種不同生長條件的測試，目的是為了能大批培養多種生物，並以傳統方式觀察研究。

不過，要在實驗室裡成功培養出新的菌種，就算有再好的設備也可能要花上好幾個月的時間。因此就算分子生物學進步神速，培養和分離新菌種，並將之加入可供查詢的菌種蒐集資料庫，仍是研究的重要先決要件。

只是，光是在實驗室裡培養細菌，並不代表就能掌握所有知識。就如同「分離」一詞的意涵，當我們將細菌從它的原始生長環境取出，切斷它與自然環境及其生活細菌群落間的互動，研究人員也就失去了觀察菌落代謝及其如

[12] 高通量培養通常是利用微量多孔盤（microplates）一類的培養平板，以菌量少、種類多的方式同時培養大批微生物。

何相互交流的可能性。

因此，近幾年來興起了微生物生態學，這個領域的學者致力於生物群落的觀察研究。他們所使用的重要工具是鏟子、鑽孔機、（加壓）容器，藉由這些工具可以從沉積層、土壤或水域取出層次完整的整塊樣本。在研究樣本時，不僅是以生物學或分子生物學的研究方式進行，同時也使用化學、物理學、地質學的技術來檢查樣本組成成分，以及其中所發生的化學反應等等，以便了解細菌與其他生物和地質環境之間複雜的相互作用。

玫瑰若不叫玫瑰，是否依然芳香如故？

細菌都是依循早期的系統分類學以拉丁文命名。十八世紀林奈引進生物學的系統分類法，屬名是大寫開頭的名詞，加上一個小寫的形容詞，以表明其特徵。例如中文稱作蘇力桿菌的 *Bacillus thuringiensis*，屬名是 *Bacillus*（桿菌屬），形容詞 *thuringiensis* 則取自其發現地點，德國的圖林根 Thüringen。桿菌屬下至少有二百種以上的細菌，其中一個是炭疽桿菌 *Bacillus anthrax*，種名 *anthrax* 是希臘文的炭，指的是發病時典型的黑色膿瘡病徵。

尚未培養成功的細菌，會加上 *Candidatus*（候選之意）作為暫定學名。生物學界中有個（不成文的）的規矩，發現新菌屬或新菌種的人，有權為之命名，命名創意也毫無限制。一些細菌的命名是為了向其他研究者致敬，一些

則以發現地點或顯眼特徵命名。像莎士比亞退伍軍人桿菌 *Legionella shakespearei*，就是在文豪莎士比亞的出生地埃文河畔斯特拉特福發現的。另一個相近的例子是格拉提安退伍軍人桿菌 *Legionella gratiana*，用作形容的種名是出自羅馬皇帝格拉提安，原因是這種細菌是在一個溫泉地發現，而根據歷史記載，格拉提安曾在那裡泡過溫泉。巴斯德氏菌的屬名 *Basfia* 源自德國巴斯夫化學企業（BASF），因為是在他們的實驗室裡首度分離出該菌屬的菌株。有一種會產生黏液的細菌 *Deefgea rivuli*，其屬名 *Deefgea* 是向德國研究協會（DFG）致敬，但意涵不得而知。還有一種痤瘡丙酸桿菌 *Propionibacterium acnes* type zappae，則是向搖滾樂手法蘭克·札帕（Frank Zappa）致敬。因為發現者義大利微生物學家安德烈·坎皮撒諾是札帕的樂迷。根據他的說法，他發現從葡萄藤蔓分離出來的新菌株屬於痤瘡桿菌的當下，他正在聽扎帕的專輯《耶布堤酋長》，歌詞還正好唱到「沙礫般的粉刺」。

生命的起源

現今證據明白顯示，地球形成後十億年，至今約三十五億年前，地球上開始出現生命。二〇一九年澳洲科學家宣布，他們在西澳大利亞已有三十五億年歷史的岩層，即所謂的德雷瑟地層中取得一塊沉積岩塊，並在顯微鏡下發現生物膜（biofilm，又譯生物薄膜）[13] 的遺跡，生物膜是今日細

菌仍會產生的東西。這樣一個「尤里卡時刻」[14]，令第一位發現的科學家拉菲爾·鮑姆加特納博士激動至無法成眠。

我們可以假設當時細菌或其先祖獨占了地球。當洞穴學家進入數百萬年來都沒人進去過的岩溶洞穴（karst caves，又譯喀斯特洞穴）時，發現穴壁上覆蓋著公分厚的淡色菌毯以及俗稱為「月奶石」的乳白色細菌分泌物。洞頂垂掛下一條條黏答答、鐘乳石狀的長柱物，是由細菌和長條粘液組成的所謂「鼻涕石」，而洞穴的地板，更因細菌之故早已變成像爛泥般軟塌。

從在澳洲發現的生物毯（很厚的生物膜）遺跡可以推斷，造成這種地質結構的生物，已有悠久的演化歷史。發現微體化石，再加上來自更古老地層所提供的間接線索，讓人不禁懷疑，可能早在四十三億年前，也就是地球上首度形成海洋後一億年，地球便出現生命。

許多生物學家都將海洋視作生命起源之處——更精確地說，是海底熱泉附近。熱泉的出現是因為海水接觸到海床之下的岩漿，水溫上升，並溶入豐富礦物質，高達攝氏三百多度的海水在高壓狀態下從裂縫中噴射而出，這些熱泉又被稱作「黑煙囪」，至今仍存在各大洋海底。「黑煙囪」就像一個化學實驗室，強力將各種酸、無機鹽、腐蝕性氣

---

[13] 指一些微生物細胞由自身產生的胞外聚合物所包圍而形成，且附著在浸有液體的惰性表面或生物表面、具有結構的群落。

[14] eureka，是希臘文中用以表達發現某件事物或真相時的感嘆詞，類似「啊哈」。

體與水混合在一起，最原始的有機分子可能就因此產生，最終合併出更大更複雜的結構。至於具體的發生過程，至今難解。

五十年前，科學家還認為生命的演化過程相當清楚明瞭：最初的單細胞生物，在經過百萬年後發展出包括細菌的原核生物與真核生物。這兩者最大的差別在於原核生物的遺傳物質分散在細胞中，而真核生物具有細胞核，外有核膜將遺傳物質包覆其中。後者包含像變形蟲和草履蟲之類的單細胞生物，以及所有真菌、植物、動物，人類自然也包括在內。

所有真核生物的細胞中都有作用如同小器官的東西，稱為胞器，其大小與形狀和細菌差不多。負責能量代謝的是粒線體，綠色植物中還有可進行光合作用的葉綠體。無論是粒線體或葉綠體，其中的遺傳物質皆與細菌擁有的相似，因此人們推斷，兩者皆為從前細菌與真核生物祖先共生關係所留下的，如同藻類會與真菌共生形成地衣，或是根瘤菌會與特定植物共生。細菌作為共生夥伴的一方，在演化過程中初期成功留存於細胞裡，後來逐漸消失在共生夥伴細胞核內的基因體裡。這種細菌與高等生物之間共生關係的不同階段，例如附著於細胞上，移入細胞並於其中繁殖，而後喪失自身基因等現象，至今仍可觀察到。

長久以來生物被分成動物與植物兩界，但這種分法在一九七〇年代產生變化。撼動這個信念的，是研究黃石國家公園硫磺火山熱泉生物群落的美國微生物學家托馬斯・

D‧布洛克。他和學生哈德森‧弗里茲意外發現，在水溫接近沸點的蘑菇泉附近地上有層粉紅色的物質，看起來似乎是生物。從這個物質中所分離出來的微生物是一種新細菌，他們將其命名為 *Thermus aquaticus*（意思為水中之熱，本書中譯為水生棲熱菌）。

這種能生活於攝氏八十五度環境下的生物，一開始受到許多人質疑（一般認為不可能超過攝氏七十三度），而此菌的發現產生了兩項重大的影響：它那極耐高溫的酵素，在生物科技上大有用處，使在實驗室裡複製遺傳物質變得可能，此技術並在日後獲諾貝爾獎肯定。更重要的，人們從此開始到處尋找特殊菌種，在極短的時間內發現愈來愈多的新菌種，有的生活在極端不利生存的環境下，有些則具有奇特的代謝特性。

這些特殊細菌也引起不少微生物學家的注意，例如德國學者奧圖‧坎德勒、卡爾‧奧圖‧史德特、美國學者卡爾‧沃斯。坎德勒與史德特本著對原始細菌的興趣，研究並比對各種細菌的細胞壁。他們認為，原始細菌應該只有極為簡單的細胞壁，或甚至完全沒有。而沃斯則比較各種生物的基因體，更精確地說是比較它們的核糖體基因。核糖體存在所有生物細胞中，零件包含巧妙纏結成團的RNA（核糖核酸）。當細胞核中出現由 DNA（去氧核醣核酸）複製出的 mRNA 工作副本（信使核糖核酸），並像信差一樣朝著核糖體前進，細胞裡的核糖體會像 3D 印表機那樣製造蛋白質。一直要到一九六○年代，人們才發現核糖體，

再過差不多十年後，人們才知道其基因序列相當原始，也就是說，相較於細胞核中的基因體，動物、植物或細菌細胞核糖體的基因序列，並沒有明顯的差異。

沃斯大膽推測，利用比較不同核糖體在基因序列上的差異，可以回溯出哪些物種有共同的祖先，以及這種關係可能可以追溯到多久以前。沃斯相信，透過這種方法，可以重構出生命發展歷史甚或重建出一份「生命樹」系譜。

這些研究人員彼此認識後，開始交換各種細菌及研究資料。許多新發現的奇異微生物都有細胞壁，但是基因序列跟一般細菌不一樣。沃斯猜測這些新發現的生物，雖然外型與生存方式與細菌無異，但實際上並不是細菌。沃斯研究團隊研發出各種新方法，弄清楚這些特異物種的核糖體基因序列，且與一般「正常」細菌和其他生物的核糖體基因序列比對，證實了他的推測。

這份研究結果在一九七七年十一月初發表，幾天後《紐約時報》出現如下的標題：〈科學家發現新的生命形式，是孕育高等生物的祖先〉。

沃斯可以說是一位獨行俠，不喜歡旅行，能不參加研討會就不參加，除此之外還是一名不擅演說的學者。儘管今日他已被視為二十世紀最重要的生物學家，但在專業圈外幾乎沒沒無聞。

現在，這種新的生命形式已被稱為太古細菌或古菌，與細菌和真核生物並列為生物三域。古菌具有部分細菌的特性，例如沒有細胞核，或體型大到某個程度就會分裂繁

殖。但同時古菌與真核生物也有共通的特性，特別是在調節機制和基因複製的方式上，與細菌完全不同。如今研究人員也相當確信，比起細菌，人類與古菌的關係更為接近。

按照推測，細菌應該是從某個共同祖先演化出來，生物學家稱這個祖先為「LUCA」，這是 Last Universal Common / Cellular Ancestor（最近細胞生物的共同祖先）的縮寫。不過，這種說法還是存在未解的爭議，例如是否先有RNA，之後才有DNA ——這代表LUCA可能隸屬RNA世界；或者，真有一共同祖先嗎？畢竟在生命發展的初期階段，不同生物經常互相交換遺傳物質，所以或許可以將它們視為同個原始群落。

而細菌已先自行演化後，古菌與真核生物才開始演化，則已成了學界共識。古菌專門在不利生存的極端環境下（炎熱、酸性、鹼性或養分貧瘠等等）生長繁殖，喪失了部分特性，但也發展出新的特性；真核生物的發展則愈來愈複雜，變成多細胞生物，各個細胞與組織分工嚴謹，從而演變出器官。研究人員認為，古菌之所以在不利生存的極端環境下繁殖，是為了抵抗病毒的不得已選擇。在生命發展初期，容易改變的基因和病毒可能對演化的影響極大。

還有一個極為奇特的現象，至今仍是個謎：古菌儘管也出現在一般動植物生活範圍裡，甚至存在於我們的腸道裡，但至今卻尚未發現有哪一種古菌會對人類、動物或植物致病。

目前所能確定的是：約在二十七億年前，地球上已存

在有明確區別的細菌與古菌，四億年後，細菌這一域發展出藍綠菌，可利用陽光進行光合作用，迅速繁殖的結果使得地球大氣層充滿了氧氣。但在當時，氧氣對大部分的生物來說是有毒的，因此造成許多物種滅絕，被演化學家稱為「氧氣大浩劫」。在這段發展迅速的過程中，地球表面顏色也因多數岩石氧化從黑色轉成鐵鏽紅，並迅減少了甲烷這種溫室氣體。但這又導致地球再次結冰，引起更多的生物滅絕，其中也包含氧氣製造者，氧氣含量因此又再度降低，地球也慢慢回溫。

再過四億年，也就是距今十九億年前，地球出現了第一個真核生物。之後這個譜系各自獨立演化出極為複雜的多細胞生物，具有不同細胞和組織類型。這些生物有藻類也有真菌，還有陸生植物和動物。

因為氧氣，才有這些生物的出現，如此說來細菌也功不可沒。複雜的多細胞生物維生所需的能量較大，能量供給必須持續不斷。要滿足此條件，就必須透過呼吸作用[15]，也就是粒線體的功能，植物還需加上葉綠體，才有可能達成。

細菌具有哪些能力？

細菌與古菌絕非演化程度低的簡單生物，它們構造

---

[15] 審定注：因為呼吸作用產生的能量較高。

相當複雜，並具有迅速適應周遭不利生存環境的能力，使它們可以在真核生物無法生活的環境（高溫、酸、鹼、高鹽、重金屬或不通風的密閉環境等等）中生存。我們可以看到，它們至今仍能迅速適應環境，因此能在無塵室和消毒劑裡生長繁殖，甚或生長於受到化學或放射性物質高度汙染，不利於真核生物生存的群落生境[16]裡。

這種高度的適應力歸功於細菌和古菌基因體的分子結構，個別功能區域同樣受中央控制，一起接受調整。大部分菌種的「持家基因」（housekeeping gene）──即負責新陳代謝的基礎功能與控制細胞形態的基因──幾乎沒有變化，但具附加或特殊功能的基因卻有各式各樣的變化。大多數細菌的基因都在雙螺旋 DNA 分子上，長度大約是一歐分硬幣的厚度，但捲曲得非常厲害，形成一個閉鎖的環狀分子，也就是染色體。多數的細菌只有一條染色體，少數有兩條。細胞質體為一種同樣環狀但體積小很多的 DNA 雙螺旋，可以在細胞間傳輸。質體中所承載的大部分遺傳訊息能提供特殊的代謝能力，例如抗生素的分解。細菌與古菌可以主動交換彼此的質體，但也可以從周遭環境撿拾，例如將其他細菌瓦解後釋出的質體據為己有。正因有質體，對抗生素所產生的抗藥性才會在細菌之間傳播如此迅速，並且為其他物種接收。

儘管都是單細胞，細菌卻有一些非常特別的構造。有

[16] Biotope，希臘文 bios（生命）加上 topos（地點）的組合，指在一個生態系統裡可劃分的空間單位，其中的非生物因素塑造了該生活環境。

些細菌的細胞內部有氣泡，能儲存氣體，幫助新陳代謝，或在水中上下移動。有些細菌則有類似匣子的容器，用來存放或分解特定的分子。此外還有一些像磁小體的細胞結構，使細菌能夠感應磁場方向。

有些細菌外表有鞭毛，使其在液體中移動時可以控制方向，鞭毛也是細菌唯一會旋轉的胞器，使之能像精子一樣前進[17]。這是因為細胞膜中有微型馬達，藉化學反應的運作產生動力，並由精密運作的感測系統，加上分子開關機制的控制。有些細菌甚至能像船用螺旋槳般改變旋轉方向。

細菌對光、磁場或化學物質的感應有助於定位。線毛是由蛋白質組成、濕黏黏的「毛髮」，可以幫助細菌附著在食物、地面，或動植物的細胞上，以便侵入。特殊的生殖線毛則專門準備交換遺傳物質，製造它的細胞伸展出的生殖線毛，會被接收它的細胞消化，兩個細胞因此趨近。若兩者距離夠近，細胞膜會暫時融合成一通道，彼此的基因得以交換。這並非真正的生殖行為，但能讓遺傳物質在細胞間移轉傳播。

交換遺傳物質不是繁殖的先決條件。在適當的環境下細菌會快速生長，細胞達到一定的大小後，基因體會複製一倍，接著兩個環狀物便會分開，分別往細胞兩側移動，接著細菌中段開始向內緊縮，直到分隔成兩個細胞，最後

[17] 但真核生物細胞鞭毛前進的方式為左右擺動，而非旋轉。

分離。這個過程約需二十分鐘左右，也就是說，在適當的環境條件下，細菌數約每二十分鐘就會增加一倍。這個事實提醒我們，不要隨意將容易腐爛的食物放置在室溫下。

另一項重大的發現，則對醫學和生命演化的想法，以及對細菌和古菌為何如此容易適應環境的理解都非常重要：彼此毫無關係的細菌和古菌，也可以交換基因。它們交換基因時甚至不需要生殖線毛。有時病毒會參與交換過程，有時細菌就像吸收附近的養分一樣，接收別的細菌所釋放出來的遺傳物質。當細菌受到病毒感染，或是因為周遭環境驟變而死亡瓦解時，就可能會釋放出它細胞裡的遺傳物質。

一九五〇年代美國醫生維克多・J・弗利曼是首位觀察到此現象的人。為了研究為何某些原本不會致病的菌株，卻突然毒性大增，在感染者身上引起致命的威脅，弗利曼開始研究白喉棒狀桿菌（*Corynebacterium diphtheriae*）。他用的是當時細菌學者常用的方式，利用病毒辨識菌株。這種病毒叫「噬菌體」，如同字面意思，這個病毒會侵襲及殺死細菌。但它們通常相當挑食，只會感染特定細菌，因此非常適合用來分辨不同的菌株。在培養皿培養細菌進行實驗時，用肉眼即可判定細菌是否受到感染：若被感染，整個菌落就會消失。

一九五一年弗利曼赫然發現，原本一些不會致病的白喉棒狀桿菌菌株，在放進噬菌體病毒後突然變得極為危險。原因很簡單：病毒將能造成感染的毒力基因傳給細

菌，受到病毒感染的白喉菌株就會致病。

　　一九五九年，日本學者終於發現不同種的細菌可互相交換基因，這也讓它們具有對抗抗生素的能力。以抗生素遏止細菌傳染的方法，使抗藥基因在細菌之間迅速傳開，在全球已造成棘手的問題。愈來愈多的病原對某種甚或多種抗生素產生抗藥性，時至今日，對現今所有可用抗生素都有抗藥性的病原菌株也出現了。

　　遺傳物質的傳遞並不只是發生在不同細菌菌種之間，這種被稱為「基因水平轉移」[18]的現象，在許多不同類群的生物間都可以觀察的到：細菌的基因存在真菌、高等植物、昆蟲、蠕蟲身上；植物基因存在真菌、細菌、動物身上。甚至連人類的基因都被發現早已傳遞到單細胞生物上。據遺傳學家推測，人類身上也有幾十種基因來自其他生物，其中四十種來自細菌。

　　那些生活在無氧環境的細菌，體內的基因體約百分之十六是靠基因水平轉移取得，負責新陳代謝的基因甚至超過三分之一。而那些有氧環境的細菌體內的基因只有百分之八來自陌生物種，為何會有這樣的差異，至今無解。不過，就算如此，這些基因多半能幫助細菌適應環境，或是幫助細菌取得其他新種類養分來供能。

　　這項研究結果顯示，細菌適應環境的能力通常比較不會透過突變方式獲得，而是直接將已存在的基因或基因組

[18] 指生物體間利用傳統生殖（基因垂直轉移）之外的方式進行基因的轉移。

納入自己體內。

基因水平轉移在古菌的演化上扮演相當重要的角色。例如甲烷八疊球菌（*Methanosarcina*）這類古菌，具有將醋酸鹽轉變成甲烷與二氧化碳的能力，而這個能力來自能分解纖維素的梭狀芽孢桿菌（*Clostridium*）。

基因水平轉移不只在學術研究上具重大意義，這個現象到處都會發生，甚至曾因此造成生物滅絕的大浩劫。約在二億五千二百萬年前，地球上曾發生大量物種突然滅絕的現象：在不到一萬年的時間裡，四分之三的陸生動物，其中包含各種昆蟲，還有無數的陸生植物滅絕；海洋裡也消失了百分之九十五的無脊椎動物。整體算來，當時生物有百分之九十遭受絕種的命運，其中包含了百分之九十九的脊椎動物。

在這場大浩劫開始時，大氣層內的氧氣含量約是百分之三十，在全球植物大量滅種後，數值降低至百分之十至十五左右（今日數值為百分之二十點九）。

最初，學者認為這場物種大滅絕的原因，是今日西伯利亞地區廣大的火山大爆發，釋放出大量的二氧化碳，改變當時的氣候所致。那是人類目前所知地球歷史上火山大爆發事件之一，將地球內部所藏的豐富銅、鎳、鈀等元素噴湧至地表，至今在西伯利亞仍然可以開採這些金屬礦物。

但在二〇一二年，美國地球物理學家丹尼爾‧羅斯曼到中國進行探勘研究後，大幅改變這種想法。在鑿鑽出大浩劫時期遺留下來的沉積岩層中，羅斯曼發現溫室氣體含

量增加太快，快到不可能是因地質變化而產生。

　　另一種唯一可能的解釋，是受到生物影響。羅斯曼研究團隊分析了甲烷八疊球菌的基因體，這種細菌仍是現今生物排放甲烷的主因。當時的研究人員驚訝地發現，細菌開始擁有產生甲烷基因的時間，正好就是大浩劫的初始。同一時間的火山大爆發，釋放出大量的鎳，提供了造成這場大浩劫另一項重要元素：生產甲烷的酵素系統需要鎳才能運作。

　　透過基因轉移得到的新能力，及因地質變化（在深海無氧層將有機物分解成甲烷與二氧化碳）所產生的新生態棲位，古菌爆炸性地繁殖，大量釋出甲烷與二氧化碳，導致海洋酸化與溫室效應，使得氣候在一萬年內發生劇變。

　　另一方面，細菌也被證實具有自己造成改變的潛力。

　　對生技界而言，發現細菌有免疫系統具有重大的意義。就像高等生物一樣，細菌和古菌也會受到病毒感染，直到前幾年人們才發現，遭受感染後的免疫記憶能透過基因片段獲得。每當細菌成功渡過病毒感染，病毒的基因片段就會以打包放入特定位置的方式，直接儲存進細菌的基因體中。這個收集區（cluster）裡由多個基因片段形成叢集，中間以短DNA間隔序列隔開。這段短DNA的序列是所謂的回文（palindrome），意思是正反讀都是一樣的序列。它們在收集區裡會反覆出現，而且是以特定且規律的間隔重複排列，因此稱作「常間回文重複序列叢集」，英文為clustered regularly interspaced palindromic repeats，縮寫

為CRISPR。

這一部分的機制具有免疫記憶的功能。這如同病毒指紋的CRISPR區域可在需要時被讀取並轉譯為RNA。由於短DNA間隔有回文序列，做出的RNA呈現出極為特殊的環結結構，把病毒的基本資料全都掛在這個結構上。

接著上場的，是細菌免疫系統的另一個重要元素，也就是Cas酵素[19]。它會認出環結結構時並黏上去，然後切出帶有病毒基本資料的區塊。當細菌再次受到病毒感染時，這段黏著Cas酵素的病毒序列區塊就會在病毒的基因體中找到合適(序列互補)的位置結合上去。Cas酵素上這段存有病毒資料的RNA區塊，功用基本上就像偵測犬一樣，會根據序列認出正確的位置後結合上去。找到後Cas酵素就會在RNA找到的位置準確地切斷病毒的RNA。一般將CRISPR/Cas[20]稱為「基因剪刀」，其實相當貼切。因為它，細菌才能安然渡過病毒感染。而且由於這個「記憶」存在基因體上，因此每一次細胞進行分裂時都會把它傳給所有子細胞。

自然狀況下，剛好在附近的DNA片段會在修復斷裂處時被誤插入交界處，讓原本來自病毒的基因失效不再能發生作用。就這樣，CRISPR/Cas可以精準地關掉個別基因功能。這種變化與自然發生的突變相似。

這種現象對理解細菌學及細菌與病毒之間的關係，

[19] Cas為CRISPR-associated之縮寫。
[20] 中文直譯為「常間回文重複序列叢集關聯蛋白」。

提供了一個非常有意思的切入點。如果將古菌和細菌的免疫系統運用在生物科技上，則可以用來修改基因。也就是說，運用CRISPR/Cas技術，可以把新的 DNA 序列加進生物裡：只要加入的序列末端帶有與間隔序列匹配的DNA序列，它會非常準確地插入正確的位置裡。如此一來，便可增補或是汰換掉任何生物體基因片段裡的特定段落。這樣的基因編輯方式在醫學、農業、化學上開啟了無數的可能性，一改從前在改變遺傳物質時無法操控變化方向的困境。現在無論是基因編輯標記用到的片段或各種Cas酵素，都可向很多專業公司以低廉的價錢購買，這也使得全球生物學家有了便宜方便且容易上手的使用工具，能依照所需快速且精確地改變生物的基因體。今日，關於這種基因標的技術，幾乎每星期都會有新發現、新切割法或新的應用方向發表在專業期刊上。

細菌的重要性

細菌不只澈底改變了地球大氣層，創造出動植物（當然也包含人類）發展的先決條件，單是無法想像的驚人數量，便已在全球材料和能量循環上占有重要的一席之地。

據估計，生存在地球上的細菌總數約是 $4\sim6\times10^{30}$，比起宇宙所有星球的預估值 7×10^{22} 還要多上許多。

細菌分解鹽類、礦物質、死去生物的有機物質和各種其他化合物，提供動植物所需的養分，並將空氣中的氮

轉化成氨，幫助植物及動物產生蛋白質。這是細菌與古菌獨一無二的特點。反過來，有些細菌又會將硝酸鹽轉化成氮，在氮循環中扮演重要角色。在硫循環中也是一樣：細菌將有機物質腐爛時所產生的硫化氫轉化成硫酸鹽，供給動植物所需。碳循環裡細菌也很重要。碳是所有生命的重要構成元素，但在地球的含量卻不高，以碳為基礎構成的生命之所以得以出現，是因為生物間形成一個封閉的碳循環。細菌在這些過程裡釋放了包括二氧化碳和甲烷等含碳的溫室氣體。單從這點來看，研究細菌的生活方式和生存條件，進而理解在特定的生態環境裡，何種細菌在何種時機下會釋放出溫室氣體，是非常重要的。

在動植物方面，細菌因參與氮源的供應，以及幫助反芻動物消化富含纖維素的食物，而有其重要性，更何況細菌也會導致動植物生病。細菌與人類之間的關係更是密不可分。首先，它們活在人類的體表和體內，像皮膚、黏膜、牙齒、腸胃等部位，就連肺部都有細菌，甚至大腦裡也可能有。腸道裡的細菌會幫忙消化吸收食物，但其他部位的細菌到底有什麼作用至今尚無解答。此外，細菌也是許多傳染性疾病的病原，還會造成像鼠疫、霍亂與肺結核之類可怕的瘟疫。

細菌在醋的釀製上也很重要，在蔬菜及其他食材的保存上也是；酸乳、優酪乳、起司等乳製品的製造，也都需要細菌。

近來細菌更是成為各種物質生產過程中的生產者，在

一般大眾幾乎毫無察覺的狀況下，化學工業在過去的三十年間經歷了極大的轉變。無論是藥物、胺基酸、維他命、色素、營養補充品或是日用化工製品，今日都仰賴細菌製造。這種製造方式不僅使得生產速度變快，能源消耗較低，並且還不會產生有毒的中間產物。從前生產時需要複雜的設備，以改變溫度、壓力環境等等方式啟動多道化合程序，每經過一道程序，產量就會減少一些，如今的工廠全是不鏽鋼槽，外表就像啤酒廠的釀酒大桶。在這些大鋼槽裡面都是細菌，利用簡單的原料，製造出所需的產品。

今日，人們也常用細菌酵素（enzyme，源自希臘文en+zyme，意為在「酵母」裡）來取代活細菌。幾乎所有洗衣粉或洗碗精，都已添加酵素，以便分解殘餘的澱粉、脂肪或蛋白質，消除紅酒或青草留在衣服上的汙漬，並使布料纖維變得光滑平順，進行這些反應不必高溫，只要水溫四十度就可辦到，甚至一般冷水就行。另一方面，酵素在排出的污水中又會被其他細菌消化吸收。利用酵素的清潔劑，光在德國每年就可減少排放一百四十萬噸的二氧化碳。

在紡織工業的漂白及石洗過程，以及皮革製造的表皮清洗程序上，利用細菌酵素都能減少環保問題。天然美妝品、食品、飼料工業也會利用細菌酵素，取代化學溶劑或化學合成物。

要找到具有新特性的細菌並不難。細菌學家會從細菌所處的環境推測其應有的特性，然後從垃圾堆、熱泉或酸泉、受汙染的土壤、海水，或甚至研究所停車場裡取得樣

本，測試其中所含的生物在特定條件下是否能產生或分解某特定物質。經由這種方式，人們發現能分解戴奧辛及塑膠的細菌，以及能吸收火力發電廠廢氣所含二氧化碳的細菌。

此外，還有能使酵素更符合工業用途的最佳化技術，仿照自然過程，在反應步驟中調整如添加溶劑或溫度與酸鹼值等特定條件。最後可別忘記，還有之前已經提過的CRISPR/Cas技術，在醫學、農業、化工的發展上，已開啟了無數的可能性。

宇宙間的細菌

細菌既然如此無所不在，且數量如此驚人，那麼，它們是否也存在於地球之外呢？

這樣的猜測根據以下幾項事實提出：首先，細菌可以在極冷、極熱、強酸或強鹼的環境中生存，而且可以忍受極高的壓力，甚或真空以及強輻射。它們不僅能安然渡過太空飛行的考驗，還能毫無防護地暴露在外太空中一段時間。其次，細菌的孢子可以在沒有任何養分的狀態下百萬年後還能甦醒萌發。這也代表，細菌或其孢子理論上能夠在發生宇宙浩劫時，附著在某個從行星噴射到外太空的石塊上存活。以六千六百萬年前那顆撞擊地球並造成恐龍滅絕的小行星為例，按照科學家的計算，就曾將大量石塊從地球拋甩至太空中，大小碎石以相當不規則的軌道圍著太

陽繞轉。從那時起，應該就有不少石塊落在火星上（反過來說，火星的岩石也會因著相同的原因落在地球上），有些石塊甚至可能落在木星及土星的衛星上。從計算及模擬來看，許多這類石塊都可能附著細菌或細菌孢子，也就是說，這類外太空所發生的浩劫也有可能將生命從一個星球傳送到另一個星球。

再者，細菌可以完全不需要陽光生活。活在地球表面上的生物都需要陽光，植物須靠光合作用才能存活，也才能成為許多動物的食物，而這些動物又可能是其他動物的食物，土壤、湖河、海洋裡的各種生物則以死去生物殘留的有機物質為食物。就連完全不見光的深海之處也是一樣，殘留的有機物質有如雪花般從上而下不斷沉降，供養生活在此處的生物。

然而細菌也生活在深海熱泉、深成岩以及其他群落生境（例如在已有數百萬年歷史大冰河下的地下湖或某些洞穴結構裡的地底湖）中，這種細菌的能量來源完全從無機化合物的氧化作用獲得。很可能生命最初也是在這樣的條件中產生，之後才出現依賴太陽維生的生物群落。在演化的過程中，在深海熱泉附近甚至出現完整的生物群落，無論是直接或間接，完全毋須依賴陽光。

也就是說，遠離太陽的星球上，也可能有生命的存在。這些星球上的溫度常常是攝氏零下一百二十或一百三十度，是地球微生物也能容忍的溫度範圍，像火星、金星大氣層上層、木星衛星埃歐、歐羅巴、蓋尼米德，以及土

星的衛星恩克拉多斯、泰坦就符合這樣的環境。因此我們可以推論，那裡也可能出現生命，或者說，意外抵達那些地方的細菌，也可能定居繁殖。

但目前我們所知的生命僅限於地球，而且尚有許多謎團未解：到底生命如何產生？如何演化至今日如此複雜？需要什麼樣的巧合及災難，才能演化出植物與動物，令恐龍滅絕，讓如老鼠的哺乳類動物演化成大象、靈長類動物，最後演化成人類？而在演化過程中又發生多少大大小小的事件，有多少死胡同，多少大滅絕及趨同演化呢？

包括人類在內的高等動植物都有很長的演化歷史，在我們的基因裡藏有無數的始祖。相較之下，像細菌或古菌這類微生物，則在歷經無數次的演化關卡後，仍然幾乎毫無間斷地生存下去。儘管它們在這數百萬年間不斷分殊演化以適應環境，但大體而言，這些生物體的基本架構可以說沒什麼太大的變化。少數要素經組合竟能變化出如此豐富的生物多樣性，深具啟發性。

更何況，研究這些生物總是帶給人類各種驚人的發現。這些發現，改變了我們對生命對演化的看法。第一，生物不該分成兩域[21]，而是三域：細菌域、古菌域、真核域。第二，動植物與人類跟古菌的關係，比跟細菌還要親近。第三，如今我們知道微生物的構造比二十世紀學者所知複雜多了，特別是細菌具有免疫系統這一點，已於前文

[21] 過去認為生物分成原核生物與真核生物兩大類。

詳述。第四，基因水平轉移的發現。這個發現尤為驚人，因它摒棄了達爾文的演化觀點，不再堅守所謂的生命樹——具有明確清楚的分枝，並能從分枝追溯誰是誰的始祖。實際上，生命樹的分枝有時又會合而為一，即使分隔很遠亦可能出現連結，也就是說，就算演化中相隔甚遠，且分屬不同域的生物，包括人類在內，彼此也可能有親緣關係。[22]

第五也是最後一點，人類與細菌雖然生活在同一個星球上，但卻是完全不同的世界。我們的世界明亮、溫暖、遼闊，且充滿空氣。大部分細菌的世界卻是陰暗、缺氧、狹小。[23]儘管能被風、水及其他生物帶至遠方，甚至飄洋過海傳送到另一個大陸，它們的活動範圍仍極為有限。細菌體積如此微小，就連水對它們來說都像糖漿般黏稠。當鞭毛一停，它們頂多再前進一個原子的距離就會停下來。細菌的生長及繁殖不時就會由於能量匱乏而停頓中止。因此，細菌不僅只是生存大師，而且在開發新養分及能量來源上具有極強的適應力。它們擁有變更周遭環境的能力，具有改變整個地球的潛力。

接下來，本書將一一介紹特別選出的五十種微生物，說明細菌與古菌如何引領我們一窺生物多樣性的奧祕。

[22] 審定注：此觀點學界普遍持不同看法，未有定論。
[23] 地球無氧環境很多，因而那些環境的細菌總數龐大。

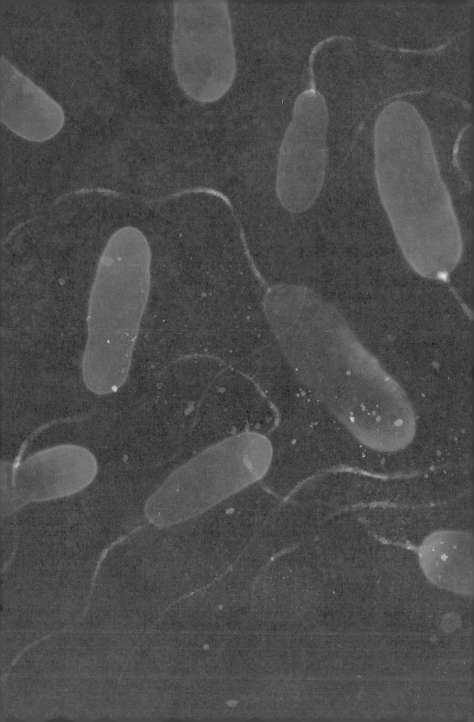

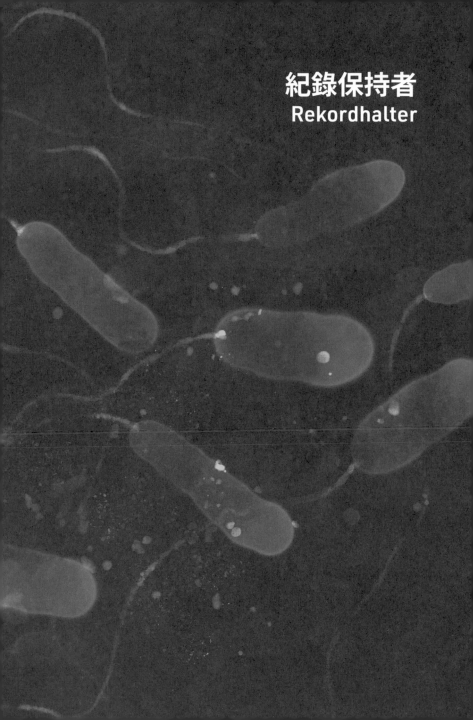

紀録保持者
Rekordhalter

Thiomargarita namibiensis
納米比亞嗜硫珠菌

直徑：100至300微米
形狀：通常聚在一起排列成鏈，
但在某些情況下會變成長條狀

有句俗話說：「樹木再高也無法登天」。的確，樹木最高也只能長到一百三十公尺，這是因為物理上的限制：由於樹木無法主動輸送水分，只能靠樹葉裡的水分蒸發時產生的壓力梯度，將水從根部送上樹頂。但這種方式只有在一百三十公尺內有效。

地心引力及能量平衡，使得動物的生長有一定限制。對細菌來說的限制是擴散速度，也就是養分及氣體能進出細胞的速度。

正因如此，納米比亞嗜硫珠菌的發現令人難以置信。因為乍看之下，這種細菌根本違反了上述的物理限制，直徑最高可達零點七五毫米，像一般外文書中的句點般大。這也是目前為止人們所發現的細菌中，體型最大的一種[1]，甚至肉眼可見。如果把一般細菌比作毛毛蟲，嗜硫

[1]　審定注：此紀錄於2022年由同屬的菌 *Thiomargarita magnifica* 超越。

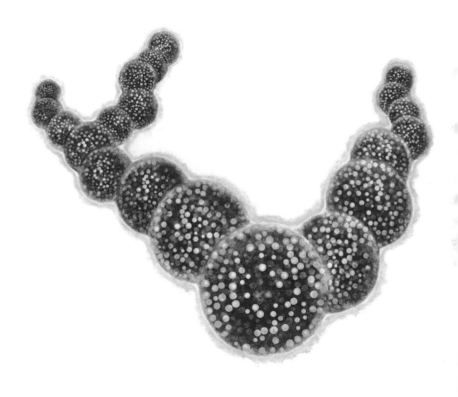

珠菌的體型就像藍鯨。實際上，這種細菌看起來雖然龐大，但真正具功能性及繁殖性的部分只占約百分之二的體積，其他全是存糧，說是虛胖也不為過。

發現納米比亞硫磺珍珠的人，是一位來自德國布萊梅的微生物學家。她在俄國研究船彼得托夫號上，詳細研究納米比亞華維斯灣的沉積層樣本時所發現。她原來想找的是另一種嗜硫菌，但意外發現這種嗜硫珠菌，個頭大到令人難以置信，因此一開始，她及研究伙伴都不相信自己發現新菌種。

今日，在其他海域也發現納米比亞嗜硫珠菌及相近的菌種。由於包在菌體中的硫顆粒會折射光線，使得每個細胞如珍珠般熠熠生輝。此外，嗜硫珠菌會由四至二十個，有時甚至多達五十個細胞，透過細胞外的多醣結構串結成長鏈，有時還會出現分支。

由於嗜硫珠菌需要存糧，個頭才會如此巨大。它們生活在海床上，特別是在富含硫化物的納米比亞沿岸海域裡。納米比亞嗜硫珠菌不需氧氣便可以透過還原硝酸鹽的方式氧化硫化物[2]，憑藉這種能力，嗜硫珠菌開發了一種其他細菌在缺氧的狀況下無法使用的能源。

要使用硝酸鹽，嗜硫珠菌就必須與富含硝酸鹽的海水接觸。黏稠的海底爛泥常被噴冒出來的甲烷及洋流捲起，將細菌翻上來，沉降後被埋住可能幾個月接觸不到富含硝

[2] 審定注：一般細菌需要氧氣進行此反應，但此菌有適合的酵素可在無氧環境達成。

酸鹽的海水。但一旦它們接觸到新鮮海水，很快就能將大量硝酸鹽儲藏在體內的大液泡裡，光這個液泡就占掉細胞總體積的百分九十八。這樣的儲藏量，可以供給細菌數年維生所需，直到海底再次被洋流造成的漩渦掀起，使之再度接觸海水。

一旦與海水接觸，它們就又立刻開始吸收硝酸鹽，細胞內硝酸鹽的濃度，可以比海水所含濃度高上一萬倍。此外，海水帶來的氧氣也能幫助它們製造磷酸鹽儲存起來，供新陳代謝所需。當細菌又與海水隔絕時，也會被用來產生能量。

在納米比亞沿岸的海床，由於納米比亞嗜硫珠菌能代謝產生磷酸鹽，菌數又高，導致此處海床出現含有磷酸鹽的磷灰石。因此，此細菌又因能吸收溶於海水的磷酸鹽，而在磷循環上扮演重要角色。

直到最近人們才發現，納米比亞嗜硫珠菌還會呈現不同的形態。在墨西哥灣發現的納米比亞嗜硫珠菌外貌不似珍珠長鏈，而是由二至十六個細胞組成，如花椰菜般聚集成團。後來在哥斯大黎加沿岸海域發現的嗜硫珠菌，則是附著在固體表面的線狀細胞，並且定時會從其中分離出圓形的子細胞。

儘管細胞形狀不一樣，這個巨細胞內部仍然絕大部分是由存糧組成。

Eubostrichus dianeae Epibakterium[3]
黛安海洋線蟲的表皮菌

長：可至120微米
寬：約0.4微米
主要能量來源：來自硫的氧化作用

　　黛安海洋線蟲表皮菌的存在似乎也有違物理化學的一些定律，長達一百二十微米的身長使之成為目前所知最長的細菌[4]。此種細菌生長在線蟲身上，由於數量龐大，讓該線蟲的外型變得像喬治‧盧卡斯《星際大戰》裡毛茸茸的伍基人。這個至今尚未被正式名命的黛安海洋線蟲的表皮菌是一種非常長的線狀γ-變形菌，在親緣關係上與我們上篇介紹的納米比亞嗜硫珠菌（→52頁）頗為相近。單是一隻線蟲，身上這種細菌就可高達六萬，占了該線蟲百分之四十四的體積。此細菌一端附著在線蟲的皮膚上，排列如此整齊，使得由它們組成的「毛」看起來總像梳得滑順不打結。此細菌個體長度可達一毫米，是肉眼即可辨識的長度，也因此成了目前已知仍可分裂繁殖的細菌中最長的一種。如同納米比亞嗜硫珠菌，黛安海洋線蟲的表皮

[3]　Epibakterium 為德文「表皮菌」之意。
[4]　審定注：此紀錄目前已被打破。

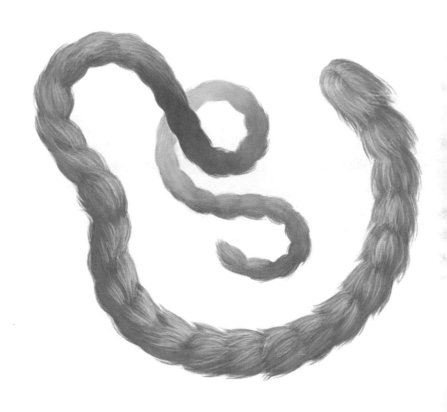

菌也具有將硫氧化的能力，硫會像顆粒沉澱物般儲存在細菌的細胞質膜及外膜之間。

這麼長的細菌，分子如何從一頭移動到另一頭？由於這種細菌的細胞內部似乎已經以某種方式分隔開來，因此新陳代謝上可能不需要分子從頭移動到尾。而這個巨大的細胞含有十六個基因體備份，是支持此種說法的依據。如此一來，養分或功能性分子在基因體之間的擴散，便不會因為細胞形狀細長而耗時太久。

根據發現者的說法，黛安海洋線蟲的學名 *Eubostrichus dianeae* 是為了向一位名叫黛安‧柯悌思（Diane Curtis）的女性致敬，但她是誰無人知曉。此學名常被誤拼為 *E. dianaea* 或 *E. dianae*。此種線蟲發現於一九七〇年代，生物學家及地質學家在南佛羅里達附近海域研究當地含硫沉積樣本時發現的，在中美洲海岸加勒比海附近也可以找到這種微小的線蟲。此線蟲以海床上各種有機廢物為養分，身上長著絨毛般的細菌，組成共生關係。直至目前為止，所有分在 *Eubostrichus* 屬下的海洋線蟲身上都有變形菌門的細菌，可氧化硫化物並儲存硫元素。有些覆蓋全身，有些只有局部性。動物學家推測，線蟲靠這些細菌獲得養分，反過來這些細菌也因線蟲在海洋沉積物中翻滾接觸所需養分。

不同於與其他同屬 *Eubostrichus* 的線蟲，黛安海洋線蟲身上的變形菌只有一端附著在身體表面。儘管菌體很長，這種細菌在繁殖時仍然是從中間分裂成兩半。一分為

二後，未與線蟲連接的一半接下來會如何，就像這個細菌為何會長成這般破紀錄的長度一樣，至今仍是未解之謎。

Candidatus Pelagibacter ubique
遍在遠洋桿菌

外觀：通常如月牙般略彎之小桿
長：0.37至0.89微米
寬：0.12微米至0.20微米

假使將我們肚裡大腸桿菌的體型比作兔子，遍在遠洋桿菌的體型就如同小老鼠。這種無所不在的海洋細菌不只是能獨立生存的細菌中體積最小的[5]，可能也是全世界最有效率也最成功的生物。每公升的海水裡，就有數以百萬計這種細菌，據推測，遠洋桿菌屬的總菌量在地球上高達10^{27}至10^{28}，這個數目是宇宙中目前可觀測到之恆星數量的十萬至一百萬倍。但這種細菌所創下的紀錄不只這項：海水所含養分非常貧乏，微生物要生存，就必須主動將所需養分分子輸送進細胞內部。這會消耗能量，最後也一定會有所剩餘。遍在遠洋桿菌則生活在極限邊緣：擁有正好足夠其吸收養分及生長繁殖所需的能量，剛剛好，不多也不少。

遍在遠洋桿菌可說是生物界的空間利用大師，其用來維持新陳代謝和繁殖的胞內空間，少到令人難以想像。細

[5] 審定注：一些寄生型細菌和古菌更小。

胞內三分之二的空間用於新陳代謝，剩下的三分之一被遺傳物質占滿。在小小的空間裡備有感應系統，能偵測含碳、氫、鐵化合物及光線的位置，擁有必要的運輸系統，以及一切所需的酵素，能自行生產二十種維持生命不可或缺的胺基酸。

體積若是再小，就只能放棄全部或部分的新陳代謝。例如，更小的病毒基本上就是壓縮緊密的基因，會侵入其他生物的細胞中，將別人的新陳代謝系統據為己用。

如果養分充足，細胞內無須再具備持家基因，生活在這種環境的細菌或古菌的確可以小過遍在遠洋桿菌。例如生殖道黴漿菌（*Mycoplasma genitalium*），這是一種對人類致病的病原體，會在尿道、子宮等黏膜造成感染，體積僅有三百乘以六百奈米左右，但無法獨立生存[6]。二〇一五年有學者聲稱在地下水裡發現更小的細菌，但直至今日為止尚未能成功培養，因此學界相當懷疑是否真實存在。

此外，遍在遠洋桿菌的維生機制，效率也出奇地高。它只有一百三十萬組鹼基對，共含約一千四百個基因，是至今已知可獨立生存的物種中最少的。沒有任何多餘的東西，只有必要的配置。甚至連遺傳密碼，也似乎為了減少能量消耗而有過最佳化的調整。一如其他生物，遠洋桿菌的遺傳密碼由四種鹼基 A（腺嘌呤）、C（胞嘧啶）、G（鳥嘌呤）、T（胸腺嘧啶）所組成。但比起其他細菌，遠洋桿菌裡 A 與

[6]　審定注：該菌倚賴人類細胞裡的現成養分存活。

T出現較為頻繁，此點便是出於效能，因為C與G含有較多的氮（而這在海水中是稀有元素），製造起來較為困難，如同人們以盡可能節省墨水的方式寫作一樣。

遍在遠洋桿菌在其所屬的立克次體目裡，算是特異獨行的一支。因為除了它之外，所有立克次體目的細菌，都必須在其他生物細胞內才能存活，其中也有不少病原菌，例如普氏立克次體菌，流行性斑疹傷寒的病原菌，透過蝨子傳染。

生物學家研究遍在遠洋桿菌並不只因為其驚人的能源效能和基因體的構造，對生態而言，它也相當重要。因為所有遠洋桿菌加起來的重量，比全球海洋魚類總重量還要多，且占有海洋細菌生物量的四分之一；在溫暖的夏季，甚至可能高達二分之一。由於它的主要食物來自死亡生物殘留下來的可溶性有機物，因此在地球的碳循環上，也扮演一個重要的角色。

由於數量實在太龐大，因此也容易引起敵人的覬覦：至今已知有數種病毒，會侵占並消滅此種細菌。

遲至二〇〇二年，人們才知道遍在遠洋桿菌的存在。在那之前，人們只認得它的rRNA（核糖體核糖核酸）序列，是一九九〇年研究人員在北大西洋馬尾藻海的海水樣本裡所發現。這也是首批運用當時最新的序列鑑定方法檢測到的細菌之一，但當時無法成功地培養出來。最後研究人員用了養分很低的培養基，以及高度稀釋的樣本，並添加一種能附著在核糖體上的染劑用以判別才成功。

Nasuia deltocephalinicola
奈須葉蟬共生菌

形狀：圓形
直徑：約 0.1 微米，其他一無所知

對能獨立存活的細菌來說，擁有一千四百個基因應該是最低下限。只有在細菌不再需要某些功能時，數目才可能再降低。至於可以降到多低，就讓奈須葉蟬共生菌來現身說法。這種生活在葉蟬上的細菌，其基因體是目前所有細菌中最小的：約有十一萬二千組鹼基對，僅有一百三十七個負責生產蛋白質的基因。

蟬以植物分泌的汁液維生，由於植物汁液中大多是碳水化合物，幾乎沒有蛋白質或其他含氮成分，所以蟬必須有效利用極為稀少的氮組成蛋白質，才可能生長。為達成這個目的，蟬體內一個叫做懷菌體的器官，裡面存在兩種不同細菌菌株，包覆在器官中的懷菌細胞裡。但不同於腸道細菌，它們像是生活在細胞牢籠裡，只有在蟬進行繁殖時才能離開。

利用極為稀少的氮源，奈須葉蟬共生菌在蟬的腸道中生產出兩種胺基酸，其他十八種則由同樣生活在懷菌體裡，但尚未成功分離培養的另一種細菌生產。該種學名暫

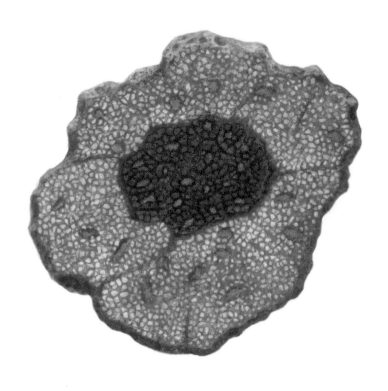

懷菌體裡的奈須葉蟬共生菌

定為*Candidatus* Sulcia muelleri的細菌就像著名的俄羅斯娃娃一樣，體內還藏有另一種殺雄菌（*Arsenophonus*）。

在母蟬性成熟後，細菌會聚集在產卵細胞附近，並侵入卵細胞內。受精後細胞分裂長成幼蟲，細菌所在的細胞之後會發展出新懷菌體。這種相當可靠的機制，在病毒傳遞上早已行之有年。這些寄生在昆蟲上的內共生菌也使用此法在這種保護下，一代接一代地繼續共生下去。

從化石中人們發現這種蟬與三種細菌的共生，至少已有二億六千萬年的歷史。在對各種蟬及其體內共生體進行基因分析追溯出這些細菌和蟬最近的共同祖先後，也可以得到同樣的結論。這些原來能獨立生存的細菌，現在都缺少了新陳代謝中某些重要的基因。在目前曾被研究的以植物汁液維生的昆蟲，體內都有類似的內共生關係，有時真菌也會加入。一些昆蟲體內的細菌能直接固定吸收空氣中的氮，而有些細菌的基因則在演化的過程中，完全融進昆蟲的基因體裡。

比較各種內共生菌的基因體後，研究人員發現有八十二個基因是這些細菌所共有的。由此推測，這些基因是細菌維生必須擁有的「持家基因」。除此之外，細菌還需要維持基本功能的基因，這些也包含了提供給昆蟲屋主各種「服務」的基因。因此，這類共生細菌擁有基因數目的最低下限是九十三個基因，也就是約七萬三千組鹼基對。

這種細菌及其基因的整合現象，應該還會持續個數百萬年。總有一天，蟬的體內可能就會出現某個新器官，能

以細菌基因產生含氮養分。但在這個新器官裡，生物學家可能再也找不到其他生物了。

研究這類頗為神奇的細菌，除了增進基礎知識之外，還有極為實用的一面。沒有這些共生細菌，以植物汁液維生的昆蟲就無法存活，包括蟬或蝗蟲等危害經濟作物的害蟲。如果人們能將作物改良成對這些細菌有害，害蟲啃咬這些經濟作物後便會死掉或無法繼續繁殖，針對特定害蟲的新防制法就出現了，並且只有在牠們啃咬經濟作物時才作用。

奈須葉蟬共生菌學名 *Nasuia deltocephalinicola* 中的屬名是向日本昆蟲學家奈須壯兆（Socho Nasu）致敬；種小名則源自葉蟬中的角頂葉蟬亞科（*Deltocephalinae*），也就是與細菌共生的昆蟲。

Minicystis rosea
玫瑰紅小黏球菌

形狀：圓柱長桿狀
長：3至8微米
寬：1.2至1.3微米
子實體：蛋形
孢子：圓形
此細菌依賴氧氣維生

　　在基因體大小評比列表另一端的，是玫瑰紅小黏球菌。這個粉紅小囊泡在二〇一四年打敗長年盤據寶座的纖維堆囊菌（*Sorangium cellulosum*），成為至今已知基因體最大的細菌。玫瑰紅小黏球菌擁有一千六百萬組鹼基對，比纖維堆囊菌還多三百萬。普通細菌的基因體約含十萬至數百萬組鹼基對，比玫瑰紅小黏球菌小得多。舉個例子比較一下，玫瑰紅小黏球菌的基因體可能有一萬四千個基因，是遍在遠洋桿菌的十倍。這個數目也明顯超過之前的紀錄保持者纖維堆囊菌，是人體基因數目的三分之二左右。

　　這種細菌是研究人員在來自菲律賓的土壤樣本中尋找新的黏球菌時所發現。這份樣本保存在位於德國薩爾蘭的蘭德斯懷勒─雷登生物資料中心已經數年。研究人員會對黏球菌感興趣有幾個原因：首先，這種細菌能生產許多

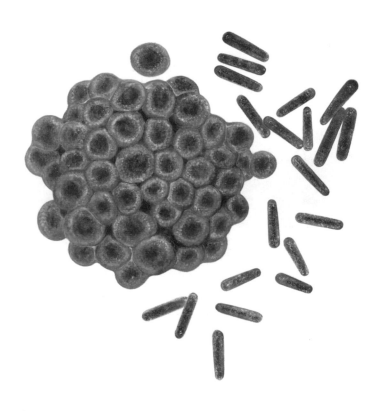

玫瑰紅小黏球菌（與子實體）

具有生物或藥理效應的物質。其次，它們的生活方式具有多細胞生物的特徵，其中包括具有彼此協調的能力。它們在獵殺其他微生物時，總是群體出動，因此被生物學家戲稱為「狼群」。一旦發現營養豐富的獵物，它們會釋放出消化液，在體外分解食物，有賴協同狩獵的方式，消化酵素得以達到夠高的濃度。其中，它們使用所謂的「數量感應」（quorum sensing，又譯群體感應）彼此協調。「數量感應」這種生物機制直到一九九〇年代中期才被研究人員發現，是一種以化學訊息為語言的溝通方式。細菌分泌出某種物質，在整個環境達到特定的濃度時，可以讓細菌開啟或關閉特定的基因。如此一來，細菌聚集數量的多寡，就會決定它們的行為。

當生活環境變得不利生存時，小囊泡細菌便會形成圓形的子實體，慢慢成熟變成孢子。這種孢子只有最低限度的代謝活動，能保護自己不會枯萎而且還能防禦紫外線的照射，直到養分來源再度改善為止。

這種細菌由於形狀既圓又小，因此被命名為 *Minicystis*，即小囊泡之意。種小名玫瑰紅 *rosea* 則指其細胞顏色為粉紅至紅色。

至於玫瑰紅小黏球菌如何吸收養分，至今仍有些細節問題未解。它的消化液可以溶解其他細菌，且會製造類固醇，這種能力在細菌中很少見。也正是這種能力，使得它和其他黏球菌一樣，成為醫學和工業的研究焦點之一。不少黏球菌製造出來的物質可當成複雜化學材料的原料，或

者拿來測試是否能成為治療癌症或其他傳染病的藥物。

擁有如此龐大的基因體，是否與其群體互動能力有關（有複雜的基因體），至今尚未釐清。不過，兩者之間應該是有所關連的。畢竟，基因體愈大，維持狀態及分裂複製的過程也就愈複雜。

細菌與古菌的基因體大小與基因數量之間，或多或少呈現出線性關係：擁有愈大的基因體——意即組成DNA的零件愈多——微生物所擁有的基因數目也就愈多。

反之，在高等生物身上就不具有這樣的線性關係。人類約有二萬個基因，而構造明顯簡單許多的水蚤，卻有三萬一千個基因，是目前動物界中擁有基因數最多的紀錄保持者。同樣的現象，也出現在高等植物中。經過數十年的基因體研究，我們明確知道對真核生物來說，生物體的複雜程度與基因體的大小或基因的數目毫無關係。為何如此至今仍是一個未解之謎，這也代表我們仍然不太理解，基因體及其他因素之間複雜的交互作用如何進行。但也正因如此，玫瑰紅小黏球菌是個值得研究的對象。

JCVI-syn3.0
第三代合成細菌

形狀：圓形
直徑：約 0.7 微米

研究細菌可促進對基因體構造及功能機制的理解，並可以拿來與結構複雜的真核生物相互比較。除此之外，還可以對「生物獨立生存的最低要求為何」這樣的問題提供解答。從研究細菌基因體模組結構所獲得的知識，帶給研究人員新靈感，著手製造出最小基因體，結果就是 JCVI 第三代合成細菌。

這個名字像電腦軟體的細菌，是一種人工製造出來的細菌，只有四百七十三個基因，比任何可獨立存活的細菌都還少。它是製造實驗室黴漿菌（Mycoplasma laboratorium）[7] 過程中的一個中間步驟，但該菌至今尚未出現。預計製造出來的細菌，應該只具有維持細菌基本功能的基因，就像基本架構那樣，可以在上面添加特定功能。就像製造商用汽車時，可在引擎、變速箱、底盤的平台上，裝上各式車廂、車斗、傾卸裝置或是冷凍車廂等配置。理想

---

[7] 又被稱作辛西婭（Synthia），意思是「人造兒」。

中的實驗室黴漿菌，就是合成生物學的平台，具有生長繁殖的基礎功能，之後可以添加其他特性，創造出為特定目的創造出來的生物。例如可除去大氣層中的二氧化碳，可生產氫氣、燃料、藥品及其他基礎材料，可分解有毒廢棄物，或從廢棄物中聚集金屬等等的微生物。

　　位於加州拉霍亞的克雷格・文特爾研究所裡，研究團隊所使用的原始樣本是黴漿菌，這種細菌以基因體特別小聞名。大部分的黴漿菌會侵襲人類及動植物並寄生其中，在人體內會引起特定的肺炎或尿道炎。黴漿菌體積極小，用顯微鏡也無法看到，其寄生方式使之在演化過程中失去了細胞壁。

　　最初，研究團隊使用生殖道黴漿菌這個病原體，按照計畫經過無數次的步驟，一一摧毀其四百八十二個基因來看該基因對細菌來說是否必要。據研究人員發表的文章所稱，其中三百八十二個基因是不可或缺的。接下來，研究人員利用機器分析出來的基因序列，以化學方法製造出與生殖道黴漿菌親緣接近的絲狀黴漿菌（*Mycoplasma mycoides*）基因體（一千零一十七個基因），並將之植入已先移除基因體的山羊黴漿菌（*Mycoplasma capricolum*）裡。

　　這個合成出來的絲狀黴漿菌被命名為JCVI第一代合成細菌（JCVI-syn1.0），其特性與預期相符，並具繁殖能力。

　　從這一次成功的合成經驗，研究人員創造出基因數更少且功能齊備的生物——JCVI第三代合成細菌。此菌體內的四百七十三個基因，其中三分之一的功能至今不詳。

這個令人驚訝的發現顯示，我們對生物維生所需的基本功能，還是知道得太少。

另一個完全人工合成製造出來的完整生物基因體是ETH第二代柄桿菌（Caulobacter ethensis-2.0）（ethensis是向製造出它的蘇黎世聯邦理工學院致敬，縮寫ETH）。不過，它並未有個功能齊備的生物體。它是以新月柄桿菌（*Caulobacter crescentus*）為基底製造，後者是一種生活在淡水裡的細菌，因為分裂時會分化產生外形不同的兩個子細胞，而成為生物學家的研究對象。不同於文特爾製造絲狀黴漿菌基因體的方式，ETH第二代柄桿菌並非一對一完全複製，而是在不改變原來的遺傳資訊下，透過電腦簡化消去基因體中所謂的冗餘（redundancy）[8]，這種冗餘就如同語言裡的同義詞，例如UUA、UUG 、CUU、CUC、CUA、CUG這些三個核苷酸為一組的編碼，也就是生物學家口中的三聯體或密碼子，功能都是決定胺基酸中的白胺酸與蛋白質的結合。以文章類比，就像「另外」一詞可以用「此外」「再者」「還有」「並且」「同時」等詞取代一樣。

最後，在所有七十八萬五千個DNA零件中，約有六分之一受到更改。對單一基因所做的初步測試顯示，超過百分之八十受更改的必要基因，功能並未受損。

這個結果給研究人員帶來新希望，創造出一個具有人工合成基因體的生物可能沒有想像中困難。

[8]　生物體內會使用不只一組密碼子來對應同一個胺基酸，作為備用或提升效能之用，故稱冗餘。

二〇一九年，劍橋大學研究人員發表論文，聲稱製造出一個具備人造基因體的大腸桿菌。首先他們在電腦上消除基因體裡的冗餘部分，共計一萬八千二百一十四組編碼，接著人工合成一小段一小段製造出簡化後的基因體，再將之一段段逐步地替換進大腸桿菌裡，直到整個取代原來的基因體。此新生物被命名為合成細菌61（syn61），與它們出身自然界的前身一樣能夠繁殖，只是分裂速度較慢，而且這個具人工合成簡化基因體的後代體型也較大。

簡化基因體有實用面的重要性。大腸桿菌（→268頁）被應用於工業生產，若受病毒感染而減產將造成重大損失，而經過改寫編碼的細胞，病毒較不容易利用它來自我繁殖。

研究人員還計劃透過進一步的干預，使用刪除後空出來沒用密碼子代表新的胺基酸，給細胞下新指令。例如將人造胺基酸植入蛋白質中，使蛋白質出現全新的特性，用來製藥或做工業用酵素。另一個研究團隊已成功將自然界不存在的胺基酸植入大腸桿菌裡。

這類計畫公開後總是引起諸多反彈，因為人工製造生物容易與宗教信仰聯想在一起。平心而論，這種人工製造的細菌不過是工業界中生產生物的延伸發展。實驗室及工廠使用生產生物製造香料、維生素、胺基酸、藥物，已有數十年歷史。

這類工業生產生物，其基因體已經過無數次改造，不僅為產品需求做出最佳化的調整，甚至在實驗室及培養槽

外已無法生存。有些還會植入人類的基因片段，以便製造人體激素。以胰島素為例，能提供糖尿病患者定期自行注射，而不必再擔心像從前使用豬胰島素時所引發的身體反應。但難道它們因此就成了人與細菌的嵌合體？或更有甚者，它們就有了人類的特性？

同樣的情形也發生在經濟作物、農畜、寵物上，這些都早已被我們人類改造到種源難辨。不起眼的野生甘藍被我們培育出抱子甘藍、羽衣甘藍、綠花椰菜，聖伯納、巴哥犬、吉娃娃等狗種則由狼培育而出。研究人員花了數十年的時間，只為了確定玉米的原始種為何，而我們熟悉的小麥至少是從三種穀物培育而成。唯一的區別只在於這些變化耗費的時間極長，因而看起來相當自然。只是，我們的道德標準能只建立在時間感上嗎？

Lysinibacillus sphaericus
球形離胺酸芽孢桿菌

形狀：短桿狀
長：1.9至2.3微米
直徑：0.6至0.7微米

　　多細胞生物壽命長短差異相當大，從朝生暮死的蜉蝣（短暫的成體之前是長達數月的幼體期），到可活一百七十七歲的加拉巴哥象龜。截至目前為止最高紀錄是一隻北極蛤，從蛤殼上的年輪可以確定牠活了五百零七歲。不過，無論長短，所有多細胞生物都一樣會老會死。

　　細菌就不一樣了。它們生長、分裂，後代接著生長、分裂，就這樣不斷繼續生長分裂下去。細菌當然會因為環境突然變化而死亡，但不會衰老[9]，而且還發展出一種驚人的適應程序，使它們能在艱困的環境中倖存下來。這個程序就是降低細胞含水量與幾乎完全停止新陳代謝的方式，進入休眠期。透過這個方法，它們可以抵抗乾旱、高溫、化學影響，甚至在紫外線和宇宙輻射的威脅下存活下去。

[9]　審定注：近年關於細菌細胞是否會衰老，也就是能否無限分裂，已有科學家進行研究而有些會衰老的證據，但也有反對的證據，目前尚未有明確定論。

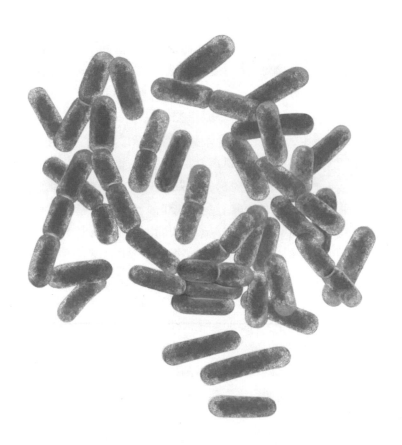

生命能在休眠的狀況下維持多久，生物學家至今還不清楚。尤其是有學者提出艾倫丘陵84001、休格地、納克拉這三顆隕石上的某些結構是細菌遺留下來的化石之後，這個問題更是學者研究的焦點。

這三顆隕石都來自火星，在某次宇宙浩劫（可能受到大顆的小行星撞擊）中被撞到外太空，幾百萬年後又來到地球。生物能夠因此從一顆行星傳送到另一顆行星上嗎？這種「胚種論」（panspermia）的假說，已經討論了幾十年了。

目前休眠期最長的紀錄保持者是球形離胺酸芽孢桿菌。這菌從前的舊名是球形芽孢桿菌（*Bacillus sphaericus*）。它是在一塊琥珀裡的蜜蜂的腸道中被發現的，而這隻蜜蜂是在二千五百萬年或甚至四千萬年前被困在樹脂裡。當時，地球還是充斥公尺高巨型鴕鳥的世界，有狐狸大小的原始馬，有早期的靈長類動物，體型如今日的貓。

千萬年後，研究人員將這塊包覆著蜜蜂的琥珀拿進實驗室研究，一九九五年提出令人信服的證據，證明在培養基上生長的孢子來自蜜蜂的腸道而不是受到污染而產生。根據基因序列可以確定，培養皿的細菌與球形離胺酸芽孢桿菌相似。球形離胺酸芽孢桿菌是一種功能非常多樣，且適應力很強的常見土壤細菌，至今仍生活在蜜蜂腸道中，幫助牠們消化食物。與現今的球形離胺酸芽孢桿菌做基因比對所推算出的結果，也與琥珀年分的推測相符。

另一個研究團隊在二〇〇〇年宣布他們成功地從一塊二億五千萬年前所形成的鹽晶中分離出細菌，並將這個

復甦的微生物命名為二疊紀芽孢桿菌（*Bacillus permians*）。按照慣例，研究團隊也將這個細菌的樣本送進菌種中心。然而，複查此細菌的研究人員提出質疑，他們發現，這個二疊紀芽孢桿菌基因與至今仍生活在死海中的死海鹽芽孢桿菌（*Salibacillus marismortui*）基因幾乎完全一樣。後來還發現，採集到此細菌的鹽丘一如常見的不時會被水淹沒，或許因此才讓這種細菌進入了那塊古老鹽晶當中。

球形離胺酸芽孢桿菌的名字源自其細胞壁含有離胺酸成分，種小名的意思是圓球形，指的是它孢子的形狀。這些孢子耐高溫、對化學藥品抗性強，且不怕紫外線輻射，因生命力頑強而著名。這種細菌對一些昆蟲（包括多種蚊子幼蟲）是致命的，就像蘇力桿菌（→210頁）一樣，這個細菌也會產生毒素，阻斷昆蟲腸道細胞裡的某個受體，使昆蟲死亡。因此許多國家都利用球形離胺酸芽孢桿菌遏止蚊蟲孳生。由於此細菌還有能與重金屬結合的特性，科學家現正研究是否能將它利用於復育受重金屬污染的土壤。在商業運用上，由於球形離胺酸芽孢桿菌天生就具有可以分解複雜有機物質的酵素，因此紡織工業早已使用它來清除工業廢水中殘餘的偶氮染料[10]。

[10] 化學結構裡有兩個氮相連的染料。

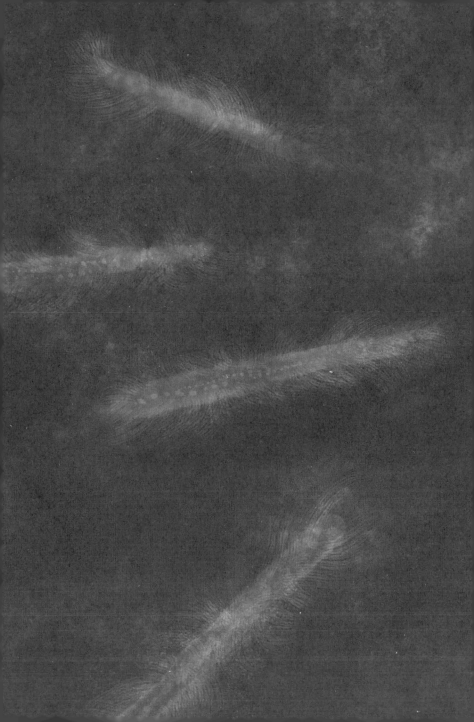

生命的廣度
Spannbreite des Lebens

Colwellia psychrerythraea
冷紅科爾韋氏菌

形狀：小桿狀
顏色：淺紅色
長：2.5至3.5微米
直徑：0.5微米
前進：使用鞭毛

　　據當今研究結果所知，在生命出現的早期，地球上炎熱期與冰凍期交互出現，前者平均溫度可達攝氏五十度，後者溫度可低至地表完全凍結。火山爆發及隕石和小行星的撞擊，使地球溫度升高，經由化學反應及後來出現的生物反應消耗大氣層中的二氧化碳，又使地表變冷凍結。

　　對大多數的生物來說，今日地球是個既濕又冷的家。地表面積超過百分之七十全是海洋，其中三分之二又是寒冷的深海帶，終年溫度只有攝氏二至三度。地表上所有水域裡，淡水僅占百分之二點五，溫度卻也沒有太大差別：百分之九十的淡水，都儲存在極地冰塊及散布地球各處的冰河裡。

　　自人類開始定時測量並記錄溫度後，最低溫的紀錄是在南極測得的攝氏零下八十九點二度，不過那裡的溫度也從未上升到比結冰點還高。比較重要的是，有些地方雖有

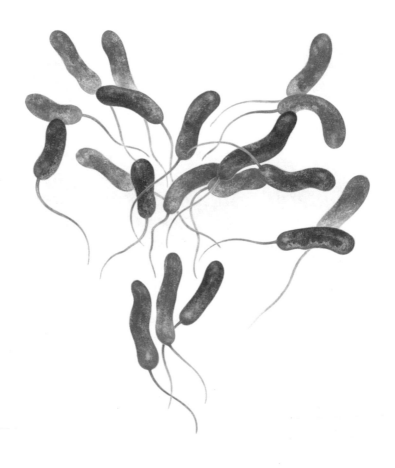

溫暖期，但在夜間或冬天會變得異常寒冷，像亞洲一些地方最高溫可達攝氏四十九度，但低溫時也會降到零下五十度。因此不難想像，為何這麼多的細菌都具有高溫差環境的適應力。

所有在低溫環境仍然活躍的細菌中，冷紅科爾韋氏菌特別引人注目：這種微生物在攝氏零下十度還可四處遊走，在攝氏零下二十度還能繼續生長分裂繁殖。甚至在攝氏零下一百九十六度超低溫環境，研究人員還可觀察到其新陳代謝的運作。冷紅科爾韋氏菌能在液態氮（這可是能將花朵瞬間凍成易碎玻璃的物質）中將胺基酸吸收並用來組成自己的細胞。此特性要歸功於它的保暖聚合物及在細胞外作用的酵素，讓它被包覆在網狀的分子結構裡，就像穿了一件毛衣，保護其免於水分形成整齊的冰晶結構。耐寒細菌的細胞壁結構類似液晶，在極冷和高壓下仍然可以保持液態，這也解釋了為何它同時也耐高壓。

科爾韋氏菌屬發現於一九八八年，發表研究結果的作者建議以美國微生物學家麗塔・科爾韋（Rita Colwell）之名來命名，以示敬意。科爾韋生於一九三四年，在一九六〇年代發現沿海水域有霍亂弧菌，而且常寄生在以藻類為食的浮游性橈腳類[1]動物上。在氣候溫暖或養分過剩導致藻類大量繁殖時，就會吸引這些細小的甲殼類動物前來，細菌也就隨之而來。科爾韋發現這項事實後，立即成立安全

[1] Copepoda，橈腳類或譯橈足類，海洋中數量眾多的一群甲殼動物。

用水供應網，設法以盡可能簡單的工具，例如自造的過濾器，防止因飲用水造成的傳播感染。此後，她還與其他伙伴一起創立CosmosID公司，以期快速檢驗出環境樣本中的細菌。為了向她致敬，南極一座山塊[2]就以她的名字命名。冷紅科爾韋氏菌的種小名 *psychrerythraea*，則由希臘文 *psychros*（冷）及拉丁文 *erythraeus*（紅色）組成，因這個細菌嗜寒並含有紅色色素。

冷紅科爾韋氏菌也可以在無氧的環境中存活，還可利用各種結構簡單或結構複雜的有機化合物做為養分。由於這種細菌能分解很多種含氮化合物，甚至還能利用硫來產能，因此相當適合利用它在寒冷地區處理環境污染問題。

除此之外，此種細菌也可能促進新疫苗的發明。科學家將病原菌重要的代謝基因替換成冷紅科爾韋氏菌的代謝基因，得到以下結果：病原菌在低溫下正常生長，但在常溫時停止生長，細胞逐漸死亡。這種弱化後的病原菌可用在活體疫苗，使身體在不受危害的狀況下產生足夠的免疫力。此法已在動物實驗中證實可行。

[2] massif，又稱地塊，地質學中的一個結構單元，比構造板塊要小。

Methanopyrus kandleri
坎德勒氏甲烷嗜熱菌

形狀：小桿狀
長：2至14微米
直徑：0.5微米
前進：利用菌體兩端各一束的鞭毛移動
出現形態：單獨出現或由最多十個細胞
組成長鏈，但在極少數的狀況也會出現
高達七十個細胞排列成鏈

　　沒有人能確定生命起源的環境是炎熱抑或溫暖適切，唯一能確定的是，當時地殼最上層有些地方，因為活躍的火山活動和岩漿上湧，而一直保持在高溫狀態。這些地方包括陸地上的溫泉、火山、海底所謂的黑煙囪與白煙囪以及深成岩，在這些地方可以明顯感受到從地表往地心一路升高的溫度。

　　今日，在這類的群落生境中有無數的微生物生活其間，它們不僅耐高溫，部分微生物甚至需要高溫環境才能生活。目前，微生物中最耐高溫的紀錄保持者是古菌坎德勒氏甲烷嗜熱菌。這種古菌是一九九一年研究人員搭乘深海潛艇阿爾文號，在加利福尼亞灣黑煙囪採集來的土壤樣本中發現的。阿爾文號是一艘具有機器手臂，長七公尺的

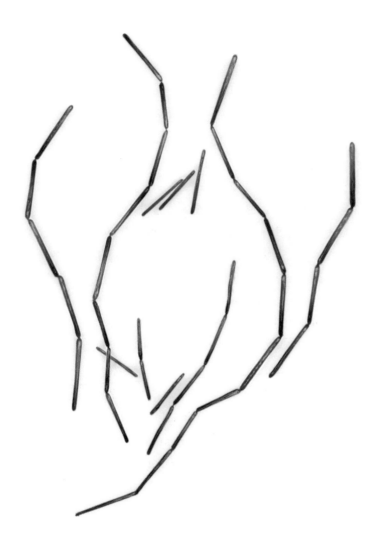

89

潛水艇，除駕駛者外還可搭載兩位研究人員，一九六四年美國海軍委託建造而成，經常出借給企業或研究機構使用。在採集加利福尼亞灣黑煙囪土壤樣本之前，這艘潛水艇已經完成好幾次舉世矚目的任務，例如一九六六年在西班牙沿岸尋找一枚不小心從軍機掉下去的原子彈；還有在一九七七年及一九七九年的任務都發現了黑煙囪，並就近研究。這類地區的生物群落完全無須依賴陽光維生，因而吸引生物學家的興趣。

因海底湧出岩漿而形成的深海熱泉會在海床上形成深海煙囪。當將近攝氏四百度、富含礦物質的海水從海床裂縫中噴射而出，溶於其中的礦物鹽在與四周僅有攝氏四度的海水混合時會沉澱出來，形成不同大小的結晶體。較大的結晶體會在出口處形成像圓錐或煙囪的形狀，可達二十五公尺高，細微的顆粒則隨著海水上下翻滾，有如輕煙一般。若噴出的水富含鐵質，輕煙呈深色，被稱為黑煙囪；若硫酸鹽較多，顆粒形成的塵霧顏色淺淡，被稱為白煙囪。

甲烷嗜熱菌的種小名 *kandleri* 是向德國植物及微生物學家奧圖・坎德勒（Otto Kandler, 1920-2017）致敬。正是因為坎德勒與卡爾・沃斯的研究，古菌才得以獨立成一域，與真核生物及細菌並列。*Methanopyrus* 意即甲烷與高溫，因為此細菌會將氫氣與二氧化碳轉化成甲烷，並從中獲取能量。

直到二〇〇八年，日本學者才在進行不同壓力和溫度的系統性測試時發現，若將坎德勒氏甲烷嗜熱菌這種古菌

放在與它天然生活環境相似的高壓下培養，在攝氏高達一百二十二度時還能生長繁殖。比起之前的紀錄保持者，也就是俗稱第121株（Strain 121）的深海古菌地層膜巴洛西菌（*Geogemma barossii*）還多了一度。

攝氏一百二十一度的重要性在於人們以這個溫度消毒醫療器材。在發現更耐熱的微生物之前，一般認為在攝氏一百二十一度的高溫高壓滅菌釜中十五分鐘，就可以消滅所有生命。

而坎德勒氏甲烷嗜熱菌甚至可以忍耐攝氏一百三十度的高溫處理長達三小時，而且只要溫度一降到攝氏一百一十度，便立刻恢復生長。

坎德勒氏甲烷嗜熱菌與其他古菌用了多種不同的耐熱機制。通常提高細胞裡離子（鹽）的量，能防止熱傷害。它們在細胞裡有特殊的蛋白質讓DNA緊密纏繞不讓高溫破壞結構，以及有巧妙的修復系統來恢復在高溫下結構被破壞的核酸和蛋白質。控制新陳代謝的蛋白質分子，因為多了一些化學修飾，結構也變得更為穩定且不容易改變，遇熱也就不容易凝結失去功能。目前，生物學家從計算中推論，無論哪種防護機制，耐熱的最高上限是攝氏一百五十度。不過，這也不是百分之百能確定的事。

Paenibacillus xerothermodurans
耐乾熱類芽孢桿菌

形狀：小桿狀
長：2.25至2.7微米
直徑：0.70至1.04微米
出現形態：沒有空氣也能存活，單
獨、成對或者形成短鏈

　　一九六七年十一月九日，農神五號火箭首度在佛羅里達卡納維爾角太空基地點燃，就在火箭上五具主要引擎（至今仍是有史以來效能最強大的單一引擎）轟然作響之際，39 A號發射台所在小島頓時點燃了地獄之火，一陣驚人的壓力波掀翻了五公里外的新聞中心屋頂，震破十公里開外的玻璃窗戶。即使遠在一千五百公里外的紐約，地震測量站都還紀錄到因高壓釋放大量氣體所引起的地震。從火箭引擎噴出的火焰長達三百公尺，溫度高達攝氏二千二百二十度，這可是連鈦都會熔化的溫度。火箭每秒燒掉十三噸航空煤油，即便具有精密的冷卻系統，幾秒內立即噴出數萬公升的水以免發射台熔掉，但發射坡道附近地面溫度之高，所有植物全燒成焦炭，就連一公里外都燃起野火。

　　到了一九七三年，經歷十多次如上所述的火箭發射，

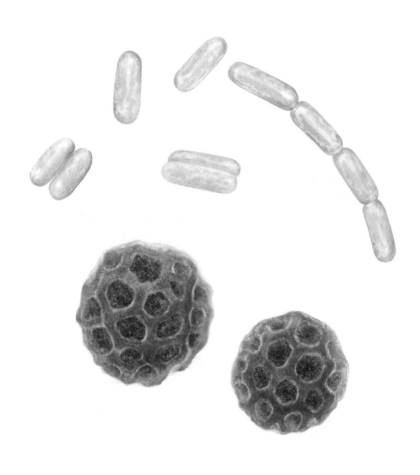

耐乾熱類芽孢桿菌及孢子

連阿波羅號登陸月球也已走進歷史，微生物學家開始在屢遭地獄之火焚燒的土地尋找微生物的蹤跡。當時，高溫乾燥是殺菌的黃金守則，面對接下來預計以探測器登陸火星的維京號計劃，研究人員想知道是否有細菌在這樣的殺菌方式下還能存活。在這種情況下，比起常年炎熱乾燥的沙漠，卡納維拉爾角定時遭受火烤的土壤似乎更具說服力。

事實上，他們也真的在那裡的土壤樣本中找到極為耐熱，且會形成孢子的細菌。這種細菌屬於類芽孢桿菌，因能忍受乾燥高溫，被命名為耐乾熱類芽孢桿菌。起初類芽孢桿菌被視作一般的芽孢桿菌，直到人們發現它們雖然與芽孢桿菌親緣相當接近，但這些細菌還是應該單獨分成一屬。正因如此，學名 *Paenibacillus* 的前綴詞 *Paeni* 源自拉丁文 *paene*，即類似、接近或幾乎像是的意思。

這種細菌孢子可在攝氏一百二十五度乾燥高溫的環境下存活超過十天，在攝氏八十度的濕熱下存活超過一小時。能抵抗高溫的原因在於孢子有九層外套，表面還有突起的蜂窩型圖案。除此之外我們對耐乾熱類芽孢桿菌知道的不多，因為一直要到二〇一八年才完成其基因體定序。

類芽孢桿菌屬是相當能因地制宜的菌屬，蹤跡幾乎遍布世界各地，從熱帶到沙漠到極地都有。它住在土壤和水裡，在根圈也能找到。所謂根圈就是緊鄰植物根部的區域，在那裡的這種細菌能夠固氮，提供植物養分及微量元素，並合成出防止植物遭受昆蟲、線蟲及植物病害之病原侵襲的物質。但另一方面，這種細菌也是蜜蜂幼蟲病的病

原菌。

　　因此，此細菌所產生的物質，對醫學、農業上的植物病蟲害防治、環境污染的生物修復，以及精細化學原料的製造等等，皆可能大有所用。

Picrophilus torridus
焦乾極嗜酸菌

形狀：圓形
直徑：1至1.5微米

在地球歷史上長期影響氣候及地質發展的火山，除了噴出岩漿和熔岩，還會釋放出大量的氣體，像是水蒸氣、二氧化碳、二氧化硫、氫氣，以及帶有蛋臭味的硫化氫。硫磺氣體與水結合會產生酸，氯、溴、氟等鹵素遇氫也都會產生酸。在地球熱點和地函熱柱等地球內部深處的物質被擠壓至接近地表而產生溫泉的地方，附近的水通常酸性較強。

對大部分生物而言，強酸具有強烈的殺傷力。強酸可以不費工夫將布料腐蝕穿孔，或將鐵鏽和鋼鏽腐蝕殆盡。不過，還是有細菌和古菌發展出能在酸性環境生活的特性，這樣的酸性棲地仍然存在在地球的某些角落。

日本北海道溫泉附近的土壤，溫度高達攝氏六十度，且受到地表下岩漿釋放出來的氣體化合物影響，酸鹼值低於零點五（pH＜0.5），腐蝕性比汽車電池中的酸更強。一九九五年，研究人員在這種不穿防護衣無法進入的地區，在土壤樣本裡發現焦乾極嗜酸菌。

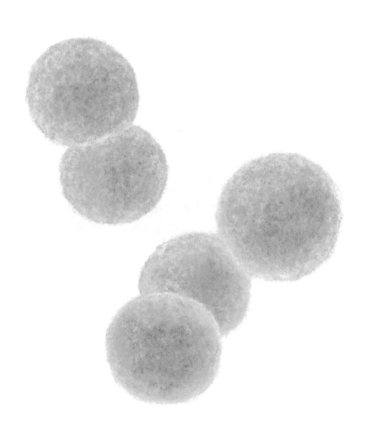

這種在焦乾（torridus）環境中出現的極度嗜酸微生物，
是目前所有嗜酸原核生物的紀錄保持者。它們生活在酸鹼
值零的環境，這個數值的酸是可以腐蝕金屬的硫酸強度，
甚至能在酸鹼值呈負數——也就是一打開瓶子就會冒煙
的鹽酸的強度——的環境下生存。若周遭環境酸度減弱，
焦乾極嗜酸菌就會停止生長，在酸鹼值七的中性環境下，
細胞就會分解消失。

此細菌之所以能有強大的耐酸能力，是因為具有抵抗
酸性進入的細胞膜，能擋住大部分帶正電的氫離子（也就
是質子）的進入，因而能夠防止細胞內部過度酸化。進入
細胞內部的少數質子也會被質子幫浦打出細胞。不過，這
個細胞內部的酸鹼值並不像其他嗜酸型細菌那樣中性，其
酸鹼值約四點六。也就是說，細菌本身已經是酸性的，因
此細胞組成元素及其新陳代謝也自然必須適應這樣的條
件。至於運作細節到底如何，仍然不甚明瞭。唯一確定的
是，焦乾極嗜酸菌具有許多修復蛋白質結構的蛋白質，一
旦受損能迅速修復。

焦乾極嗜酸菌的養分來源是那些因接觸高溫及強酸
環境而死的生物殘骸。它分泌耐酸酵素，在細胞外先行分
解含碳的養分。再由許多特殊運輸蛋白將各種原料一一運
送至細胞內部。

焦乾極嗜酸菌需要氧氣維生，生物學術語稱之為「絕
對好氧」。它有一百五十萬組鹼基對，是至今為止能獨立
存活的非寄生生物中基因體最小的前幾名，只有遍在遠洋

桿菌（→60頁）有更小的基因體。令人吃驚的是，基因體中的百分之九十一點七，都是能用來製造蛋白質的蛋白質編碼區，剩下的一小部分則負責調控功能。在目前所有研究過的細菌與古菌中，蛋白質編碼所占的比例平均只有百分之八十。

遺傳分析還顯示，焦乾極嗜酸菌在演化的過程中，接收了許多附近其他細菌和古菌的基因，進而最佳化它的基因，適合在這樣極酸、極熱、極乾燥，且富含硫酸鹽的土壤中生存。

Alkaliphilus transvaalensis
德蘭士瓦嗜鹼菌

形狀：有時會略微彎曲的小桿狀
長：3至6微米
寬：0.4至0.7微米
前進：透過無數隻鞭毛
出現形態：單一或成對；有時也會
由四至六個細胞排列成鏈

　　比起強酸性的群落生境，強鹼性的群落生境在地球上非常少見，不過這類棲地的形成同樣與火山活動有關。在火山冷卻下來，或者大量從地底火山噴到地面上形成的熔岩流冷卻後，就可能形成碳酸鈉含量非常高的鹼湖，而其湖水通常鹽含量也很高。

　　若深成岩中富含矽酸鹽的岩石與水和二氧化碳發生化學反應，也會出現鹼性棲地。除此之外還有人類活動造成的鹼性棲地，例如皮革、染料、水泥、鐵或鋁生產製造的地區，在長達數十年或數百年的累積下，也有可能出現鹼性棲地。

　　這種生存環境裡也出現了特殊的微生物。二〇〇一年，研究人員為了尋找深成岩中細菌的蹤跡，從南非一個三點二公里深的金礦裡取出礦坑水檢驗，因而發現德蘭士

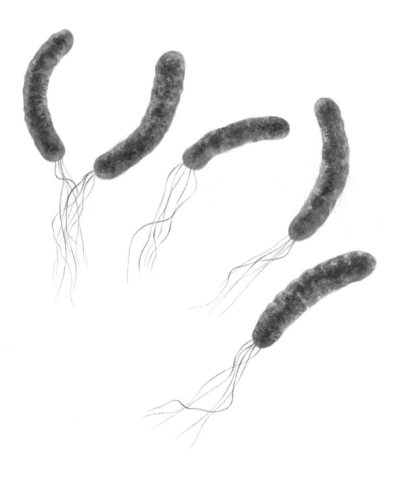

瓦嗜鹼菌。這些礦坑水存在礦工蓋的水泥儲水槽裡，用來儲存上方鑽孔中滲透下來的水。這種細菌無法忍受氧氣，最適合生存在酸鹼值為十（相當於鹼性清潔劑）的環境裡，但酸鹼值高於十二點五（相當於漂白水）時，仍然能夠繼續分裂繁殖。

因此，德蘭士瓦嗜鹼菌成了所有嗜鹼菌中的紀錄保持者。嗜鹼細菌的最佳生活環境是在酸鹼值大於九（相當於肥皂）的環境。當中一些不過只是能夠忍受鹼性環境，一些則必須仰賴這樣的環境，而完全無法在中性或弱酸性環境中生存。這些真正的嗜鹼細菌大多生長在含碳酸鹽的土壤、鹼湖或含高濃度碳酸氫鈉的沙漠土壤中，這類環境含鹽濃度也相當高，因而它們對鹽也有極高的忍受能力。

這些細菌共同面臨的問題，就是如何保護自身內部不受鹼性腐蝕。鹼能迅速分解細胞組成分子和核酸，鹼性環境也會妨礙細胞產生能量。因為幾乎所有細胞在產能時，都要釋放帶正電的氫離子出去來建立出帶高能量的化學梯度差：質子回流並驅動酵素，提供細胞新陳代謝時所需之高能量分子[3]，就像提供細胞基本燃料一樣。

但在鹼性環境裡，上述過程並不能發生作用。釋放出去的氫離子，會馬上與鹼性環境裡大量存在的氫氧離子產生作用，因此無法造成質子回流生產能量。

那麼，這些嗜鹼細菌究竟如何生產能量，至今研究人

[3] 審定注：此現象稱為化學滲透偶聯（chemiosmotic coupling），會產生能量分子 ATP。

員仍不十分理解。有些細菌會透過排出醋酸之類的物質，改變自己周遭的環境，不少細菌會在細胞壁中儲存磷壁酸（teichoic acid），這是一種帶負電荷的長鏈分子，能防止鹼性介質中的離子入侵。其他有些細菌則利用特殊的運輸分子將氫換成鈉離子，這也解釋為何嗜鹼細菌多半生長在含鹽的環境中。不少細菌還會釋放酵素到周遭環境，將消化過程轉移至體外。

這種在體外的消化過程也出現在動物身上。例如蜘蛛便會將消化液注入獵物體內，使其從體內開始液化，直至糊狀容易吞食。有些昆蟲的幼蟲，例如牛蠅的蛆，會吐出消化液在獵物上，否則根本無法肢解獵物。海星也是一樣。就連食蟲植物，也是在體外消化抓到的昆蟲。

正因嗜鹼細菌種種異乎尋常的特性，不僅挑起學者的研究興趣，對醫學及科技應用也很重要。它們能在強鹼中發揮效用的酵素不只可用於洗潔劑，也適合在一般化學工業及製藥業應用。磷壁酸在人體中會刺激特定的受體而引起發燒，可以加強免疫系統對疫苗的反應，因此在新式疫苗發展上頗具意義。

Shewanella benthica DB21MT-2
海底希瓦氏菌DB21MT-2菌株

直徑：0.8至1微米
長：約2微米
前進：透過一根長於一端的鞭毛

　　細菌再三向我們顯示，我們認為舒適的熟悉環境條件，絕非適用所有生物。籠罩在人類生活環境的大氣壓力就是一例。我們將地表上正常的氣壓稱為常壓，並量化為一巴（bar）。

　　這種常壓會隨著高度上升而減小，壓力小至某個程度，一般生物的細胞就會漲破。反過來，愈往深處下去，壓力也就愈高。在馬里亞納海溝最底部的海床上，海平面以下十點九公里處的壓力，是地表壓力的一千多倍。海底希瓦氏菌DB21MT-2菌株就生活在那裡，也是目前為止發現最能抗壓的細菌。

　　雖然在數千公尺深海底下生活的細菌和古菌不在少數，但海底希瓦氏菌不僅能承受高壓，而是必須生活在這樣的壓力環境下。此菌學名的屬名是向一九八八年去世的蘇格蘭漁業微生物學家詹姆士・希瓦（James Shewan）致敬，種小名 *benthica* 意思是「與海底相關」。附加名稱

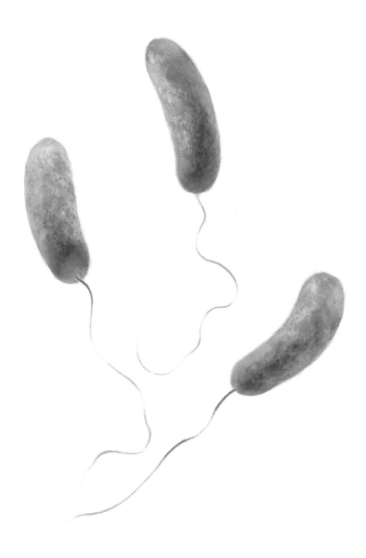

DB21MT-2是為了標明發現地，因為是從該地採集的樣本裡取得的細菌核糖體RNA序列才確立了此細菌的存在，代表由第二十一次潛水行程（DB21），馬里亞納海溝（MT），編號二號的發現地點（2）組成。這個樣本是由日本海洋研究開發機構所屬的無人駕駛潛艇「海溝號」所採集。此艇從一九九五年起，至二〇〇三年外海作業遇上颱風電纜斷裂不知所終為止，共替研究人員蒐集了三百五十種新物種，其中包含一百八十種新細菌。

一般細菌細胞膜裡脂質分子的流動性很高，幾乎具有液態的特性，若要能承受高壓，細胞膜就必須變成像蠟一樣。因此，希瓦氏菌菌株的細胞膜裡放了大量的omega-3脂肪酸來達成這個需求。

細胞內的運作，也一樣要做一些改變。外在的高壓環境，會阻礙所有會讓菌體體積變大的化學反應的發生，偏向生產出較在壓力下不易變形或更密實的分子，因此比較不會使用需要由多個零件組成的蛋白質。儘管如此，深海細菌還是有一些這類的蛋白質。例如核糖體負責依據遺傳訊息製造蛋白質分子，是所有生物都不可或缺的胞器。所有核糖體都是由不同的蛋白質亞基聚合而成。在實驗室測試時，腸道細菌的核糖體在超過六百巴的壓力下便會分解成各個蛋白質零件。深海細菌的核糖體如何在高壓下還能發揮作用，至今仍是個謎。但想解開這個謎，必須在極端的壓力下進行研究才有可能。因此，在可見的未來，人們恐怕還無能解開。

深海生物的另一項挑戰是低溫及缺乏養分。一般深海溫度在攝氏零下一度到攝氏四度之間，而生物過程[4]所產生的碳只有約百分之一會沉積至深海底。

　　至於壓力與溫度之間的關係，至今還有待釐清。實驗顯示，培養好高壓細菌時，在高壓環境下需要維持高溫，細菌才能分裂繁殖。反之，當壓力低於它們生活的海底環境時，反而是低溫時有利分裂繁殖。

　　海底希瓦氏菌受到關注的原因有下列幾點：首先它所含的一系列omega-3 脂肪酸，或許適合拿來當作營養補充品；其次，在工業應用上，它可以在高壓下催化反應，讓生技程序得以直接在高壓下進行而加快生產速度。除此之外，研究此細菌還能使科學家進一步研究「一般」細菌能否在高壓下存活，以及可以的話又會是以何種方式來達成。因為食品工業使用高壓殺菌法製造果醬、果凍、果泥、果汁，已行之有年，此法不必添加化學製品，也不會改變成品的顏色、味道、外觀、濃稠度，不會造成養分及維生素的流失。[5]

[4]　biological process，生物體維持自身功能完整性和與環境因素相互作用的動態過程，如代謝和穩態。後句談的是在海洋表層行光合作用和其他生物活動留下來進入海洋生物圈的有機物。

[5]　瞭解細菌高壓下的存活機制有助於改良高壓殺菌法，在更不使食品變質的情況下延長保存期。

Janibacter hoylei
霍伊爾兩面神菌 [6]

形狀：圓
直徑：0.4至0.7微米
前進：無法活動

二〇〇九年印度科學家成了新聞焦點：他們在海拔四十一點一公里的平流層發現一種前所未知的細菌。此新菌屬於兩面神菌屬（*Janibacter*），因羅馬神話的雅努斯神（Janus）得名。傳說雅努斯有兩張臉，是過去同時也是未來之神。此新菌一樣也以兩種面容示人，可以是小桿狀也可以是圓形。研究人員以著名天文學家佛萊德·霍伊爾（Fred Hoyle, 1915-2001）之名，將其命名為霍伊爾兩面神菌。

霍伊爾是泛種論的支持者，認為生命附著於流星及隕石上，從一個行星到另一個行星，甚或從一個星系往另一個星系擴散。霍伊爾兩面神菌不只是一種陌生的新細菌，而且還能抵抗離地四十公里高空處極強烈的紫外線輻射。平流層可能就是它的家嗎？還是它從地球外的某處來到這裡定居？

[6] 一譯為降解菌，本書採貼近字面原意之譯名。

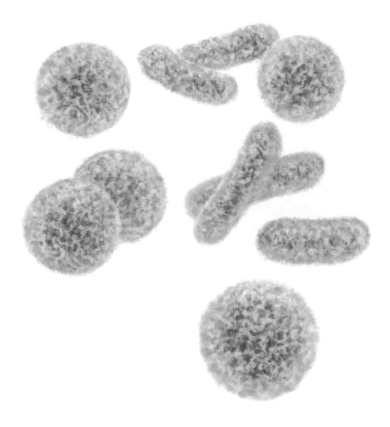

平流層是個極不利生存的環境。一般飛機飛行於平流層較低的區域，約落在海拔十至十五公里，氣溫約攝氏零下三十度。動物活動高度的紀錄保持者是黑白兀鷲：能飛到海拔約十一點二公里高。更高處雖然稍微回暖些，但空氣稀薄到鳥無法呼吸。上升到約海拔四十公里處，氣壓變得極低，低到探空氣球幾乎都沒有浮力了，因此研究人員一直無法突破海拔四十一點一公里的高度採集樣本。這個極限紀錄在二〇一四年十月被艾倫・尤斯特斯[7]再往上提高了三百公尺：抵達高度後他割斷氣球繩索落下，成為當今高空跳傘高度的紀錄保持者。在這樣的高度中，微生物所面臨的最大問題是強烈的紫外線輻射，該處的輻射強度通常會迅速殺死微生物，但霍伊爾兩面神菌不僅活得好好的，還能繼續分裂繁殖。

後來人們卻發現，原來在地表上也能找到這種細菌。更有甚者，二〇一七年南韓一名八週大的小嬰兒，就因這種細菌造成血液感染。所以，地球應該是霍伊爾兩面神菌的家，那它又是如何進入平流層的呢？

細菌常會進入高空層，颶風、龍捲風、火山爆發、森林火災等等，都會將附著在灰塵和沙粒上的細菌帶至高處。在海拔約十公里的高度上，有很多帶有細菌和微生物的懸浮微粒，研究人員認為這些生物甚至可能影響天氣與氣候。而所謂的「藍色噴流」，即暴雷時從積雨雲往上噴

[7] Alan Eustace，美國科學家，曾任 Google 副總裁，該挑戰因高度過於極限，必須穿太空衣進行。

射的閃光，以及其他像是「地球大域電流」等現象，顯然更可將這些懸浮微粒傳送至更高遠的地方。實際上早在一九七八年，使用火箭採集大氣層樣本的俄羅斯研究人員便曾宣布，在海拔七十七公里的高空找到細菌。四十年後，在國際太空站外部儀器的表面所聚積的宇宙塵裡，研究人員便發現土壤及海洋細菌的遺傳物質。國際太空站在離地球約四百公里的高度繞著地球轉，實驗證明，細菌可在國際太空站的環境條件下，存活超過一年。較具爭議的，是一九六九年十一月阿波羅十二號任務中的發現。當時太空人查爾斯‧康拉德與艾倫‧賓駕著他們的登月小艇降落，距離兩年半前無人探測器「測量員三號」的降落處僅一百八十公尺。他們拆除探測器，將部分組件帶回地球，以便研究月球環境對材質的長期影響。由於「測量員三號」並非以無菌的方式製造出來，因此他們也在上面尋找細菌的蹤跡。在探測器的相機內部，發現了通常生長在人類口腔裡的和緩鏈球菌（*Streptococcus mitis*）。但研究人員無法確定，這個細菌到底是在登月前就在相機裡面，或是回到地球後才沾黏上去的。當時實驗使用的無塵室，條件並不符合今日的要求，而且科學家在研究時也並未穿戴全套防護裝，僅著短袖襯衫工作。

Halobacterium salinarum
嗜鹽桿古菌

形狀：不規則小桿狀
長：1.0至1.6微米
厚度：0.5至1.2微米

連小孩都知道海水是鹹的，可是海水裡為何會有鹽？我們稱之為海鹽或食鹽的東西，從化學上來看主成分都是氯化鈉，是由氯和鈉這兩種常見且非常容易起反應的化學元素組成。在自然界中，二者也無法以純元素的形式存在（鈉在室溫下是一種白色的軟金屬；氯則是一種綠色、帶刺鼻氣味的氣體）。它們只存在礦物中，經水沖刷變成帶電的離子。數百萬年來，河流帶著它們流進海裡。時至今日，海水中的氯化鈉含量約為百分之三點五，也就是說，每公升海水約含三湯匙的鹽。

所有鹽湖的形成原因都一樣：河流將鹽帶進湖裡，如果這個水域無法流出，或者流進來的水無法跟上蒸發的速度，鹽的濃度就會愈來愈高。我們吃的食鹽，無論是喜馬拉雅玫瑰鹽（實際上來自巴基斯坦或波蘭），還是奧地利薩爾斯干馬格特的鹽，或者南非卡拉哈里的沙漠鹽，全都來自乾涸的鹽湖、海或深入內陸的海灣。

由於地球上有許多含鹽的棲地，因此，很多細菌能適應高鹽濃環境這件事，也就不那麼令人訝異了。其中最有名的嗜鹽桿古菌，早在一百多年前就被德國植物學家海因里希・克雷班發現：一九一七年，克雷班任職於威廉皇帝農業研究所，食物腐敗也是該所的研究重心之一。就在他查驗漢堡及布萊梅市場上腐爛的鹽漬魚乾時，發現魚身覆蓋著一層紅色物質。他刮下一些放進培養皿中，幾個星期後觀察已成形的紅色菌落，發現在培養基添加食鹽至飽和狀態下，細菌仍然繼續生長。克雷班將這個細菌命名為紅色嗜鹽芽孢桿菌（*Bacillus halobius ruber*）。幾年後，加拿大研究人員也在魚乾上發現紅色細菌，並將其命名為親鹽假單胞菌（*Pseudomonas salinaria*）。後來才發現這兩種細菌根本是同一種微生物。這種混亂的情形，一直要到一九三〇年才結束：在微生物學家第一次世界大會上，決定成立一個細菌命名國際委員會。並在下一屆的大會上，通過此委員會所提出的命名規則。從此之後，此菌今日所通用的學名 *Halobacterium* 也就確認下來，但種小名仍誤拼為 *salinarium*，文法上有誤，直到一九九六年才更正為 *salinarum*，也就是拉丁文鹽 *salinae* 的寫法。只是，學名中雖有細菌一詞，但它其實不是細菌，而是古菌。

　　這種古菌生長在鹽湖、製鹽梯塔、鹽田裡，含有紅色色素，因此大量繁殖時會將整座湖染成紅色。這種細菌是豐年蝦的食物，豐年蝦又是紅鶴的食物，細菌的色素因此進入鳥的羽毛，使得紅鶴身上出現典型的粉紅色。除此之

外，這種色素為形成維生素A所必須，因之也成為紅鶴精卵成熟及雛幼鳥成長的必要營養素。在動物園中生活的紅鶴若吃不到豐年蝦，就會特別添加人工色素在飼料中。

嗜鹽桿古菌只能在有鹽的地方存活，而且需要濃度百分之二十至三十的飽和鹽水。假使濃度下降太多，它的細胞壁就會失去聚合力，整個細胞會因此溶解消失。

高濃度的鹽水之所以不利生存，也因為這類環境多半位在日光輻射強烈的地區，而且通常氧氣稀薄。儘管如此，在有利的條件下，一滴鹽水裡還是可以長有數百萬的嗜鹽菌。嗜鹽桿古菌除了利用紅色色素抵抗強烈的陽光，還有高效率的修復機制，可迅速修復因紫外線輻射受損的基因體。除此之外細胞內部還有充滿氣體的氣泡，能使光折射。細胞還可根據光線和氧氣的含量調整氣泡中的氣體多寡，使嗜鹽桿古菌能在鹽水中自主上升或是下降。此外它還有鞭毛，能像船的螺旋槳一樣將細菌往前推進。

嗜鹽桿古菌的食物是鹽水中的胺基酸，為其他生物所遺留下來的。不過，它也可能與鹽生杜氏藻（*Dunaliella salina*）共生，這種綠藻也生活在高濃度的鹽水中，並會排出甘油。有證據顯示，嗜鹽桿古菌不僅能以甘油維生，還會釋出綠藻所需的微量營養素。此外，嗜鹽桿古菌還可以藉由細菌視紫紅質[8]這種紅色色素從陽光獲取能量，過程中顏色由紅轉黃。其他三種視紫質色素，能幫助嗜鹽桿古

[8] bacteriorhodopsin，又譯菌紫質。

菌趨光前進，並控制鹽的含量。

　　細菌視紫紅質與人類眼睛裡視覺的相關色素類似。這類分子開啟了一個全新的研究方向，也就是所謂的「光遺傳學」。這些能產生色素的基因可以被放入細胞裡染色體上的特定位置，由於這些色素在受到光照後會產生變化而引發特定化學反應，所以可以被當做開關，用幾分之一秒的閃光干擾來開啟或關掉細胞特定的功能。此方法讓我們得以研究複雜化學反應中每個個別步驟的精確順序，或細胞內的訊息傳遞，甚至可以研究刺激在動物神經傳導路徑中的傳輸，為生物學家提供了一項全新的精密工具。

　　嗜鹽桿古菌能藉由鞭毛前進，特定的刺激可以改變鞭毛的旋轉方向。當周遭的生活環境糟到無法生存時，此細菌會進入代謝完全停滯的休眠狀態，而且可以維持這樣的狀態數千年。研究人員就曾成功喚醒困在數萬年前鹽晶裡的微生物，讓它再度生長繁殖。

　　由於鹽永遠不會完全乾燥，結晶後內部總會存在一些極其微量的水，不過對嗜鹽桿古菌來說就夠多了。由於結晶時也會將其他有機物質包進去，因此古菌在進入完全休眠的狀態前，可能還有很長一段時間有食物可吃。但它們是否能在這樣的鹽晶中存活數百萬年，甚至因而得以渡過所有地質年代的說法，就有待爭論了。

Constrictibacter antarcticus
南極壓縮桿菌

形狀：橢圓至小桿狀
長：1.5至2微米
厚：0.8至1微米
前進：可
出現形態：經常成對或好幾個細胞
排列成鏈

　　日本科學家曾在南極斯卡倫山區採集岩石碎塊樣本，
幾年後的二〇一一年，研究人員在該樣本裡發現了南極壓
縮桿菌。斯卡倫山區在冰冷的南極大陸東部，四處全是裸
岩聳立在冰層之上。這是一個極為不利生存的環境：極度
乾燥，冬季半年完全沒有陽光，夏季太陽照射毫無間斷，
無遮無蔽地籠罩在紫外線輻射下。一年之中除了幾個星期
之外，溫度永遠低於冰點。儘管如此，這裡還是有生物存
活。為了躲避乾燥、寒冷、紫外線的傷害，這些生物躲進
岩石或石塊的內部。

　　生物學家稱這些生物為「岩內生物」，並分成三類：
裂隙岩內生物，生長在岩石自然產生的微小裂縫或空隙
裡；真岩內生物，則會主動鑽進岩石內部，並留下通道及
小洞供其他岩內生物定居，例如第三類的隱藏岩內生物，

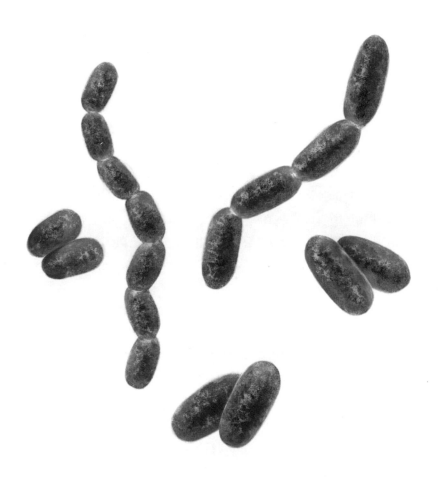

不過這類生物也會出現在自然形成的多孔岩石裡。來自世界各地的岩石樣本都有過出現岩內生物的記錄。假使樣本來自地表較為溫暖的地區，通常還可以找到完整的生物群落：地衣（真菌與微生物的共生體，能進行光合作用）、藍綠藻、真菌、細菌、古細菌生活在一起，也彼此賴以維生。

岩內生物也會在海床之上或之下的岩石裡，在礦坑或岩芯標本中的深成岩裡發現。由於這些地方通常不見光，也多半沒有任何生物遺骸之類的有機物殘留當養分，因此這裡生物的生活條件相當貧瘠，它們通常都是化能無機自營生物，所有維生必須的分子及細胞組成元素，都是靠環境中的無機資源，也就是石頭產生。它們排出酸，溶解出岩石中的鐵或硫，從中獲取能量，也會利用二氧化碳或碳酸鹽作為碳源。

由於生存環境極端缺乏能源及養分，導致岩內生物的繁殖速度非常緩慢。微生物學家推測，這些細胞數百年才會分裂一次。這方面的紀錄保持者，是二〇一三年科學家在整合海洋鑽探計畫（簡稱IODP），從海床底下二點四公里深處採集之岩石所分離出來的細菌。

當時，船身一百四十三公尺長的鑽井船「聯合果敢號」正接受英國石油公司 BP 委託尋找油井，鑽孔處的水深可達八千二百公尺。船上約五十名技術及研究人員，在百餘次的探勘中，採集了約兩千個海床樣本，並在鑽孔中進行多種測量，以便對海洋地殼的物理及化學特性能有進一步

的了解。

存在這些岩芯標本中的細菌，研究人員尚未確認其特性，但推測它們可能每萬年才會分裂繁殖一次。它們的棲地在約一億年前被地球表面或海洋隔絕，因此比起來自地表的土壤樣本，它們的數量也相對的少：一茶匙的深處岩石約含約一萬個菌體，溫帶地區同樣大小的土壤樣本能發現數十億或甚至數兆的細菌。

儘管生態密度低，但因為海洋地殼占地球表面的百分之六十，因此這塊海床底下的深成岩可能是地球上最大的生態系統，而且還完全不需陽光就能運作。愈往深處溫度愈高，高溫這項自然條件也為這個生態系劃出邊界：五公里深處左右的溫度約在攝氏一百五十至二百度之間。

生物學家之所以對南極壓縮桿菌之類的岩內生物感興趣，還有一個原因：這些微生物可能可以在火星上，或是木星與土星的某些衛星上存活。這種要求很低的細菌可能會在發生宇宙浩劫時，附著在石塊上噴射到外太空，甚至平安渡過整個太空之旅，在新世界存活並定居下來。然而，直至目前為止，在隕石的研究上並未獲得任何確切的結果。

Cupriavidus metallidurans
耐金屬貪銅菌

形狀：小桿狀
長：1.2至2.2微米
直徑：0.8微米
前進：透過布滿細菌表面的鞭毛
出現形態：單一，成對，有時也排
列成短鏈

　　耐金屬貪銅菌不僅能夠在含有大量重金屬的環境下
生長，而且還能形成金粒，還曾因此進入藝術殿堂。

　　這種耐金屬且嗜銅的細菌，一九七四年發現於比利時
恩吉斯地區斐昂冶煉公司煉鋅廠的廢水池中。當時的發現
者，也就是比利時的研究人員，正在尋找能夠承受高金屬
濃度的細菌，因這種細菌能幫助人類消除土壤中的重金屬
離子。恩吉斯地區從中古時代便是開採鋅礦製造黃銅的區
域，因而當地的土壤也有金屬污染問題。此區發現此種細
菌不久，世界其他地方像非洲、澳洲、中國、日本也都發
現了，而且都是在重金屬含量高的土壤和沉積岩裡，特別
是在工業區。除此之外，金粒表面以及在國際太空站建築
的內外也都發現其存在。這種細菌能忍受多達二十餘種高
濃度金屬離子，包括鉛、鎘、鉻、銅、鎳、銀、鋅，以及

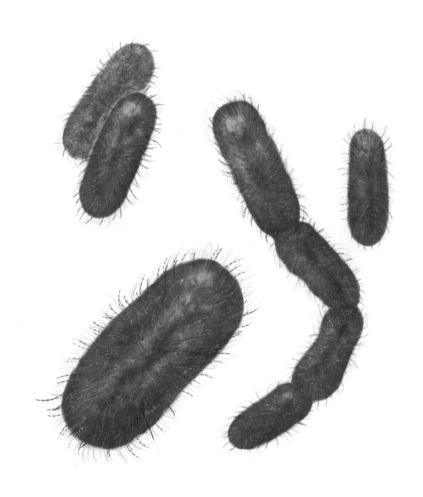

鈷和汞等重金屬。

這些重金屬不僅是因為工業製造或燃燒石油及煤炭被釋放出來，火山爆發、海底煙囪以及間歇泉也是主要的自然來源。實際上自然界本也充滿了金屬礦物質，因此含金屬的棲地也相對常見。金屬也是生物維生不可或缺的微量元素，其中也包含像銅、鈷、鋅、鎳這些高濃度有毒的金屬。金屬離子能促進食物轉化成能量時所需的電子轉移步驟。人類體內酵素一半含有金屬，再加上僅是血液就含有四點五公克的鐵，相當一枚大鐵釘的重量。鐵是血紅素的組成元素，在肺部會與氧結合，將氧傳送至組織裡再釋放出去。

許多金屬離子在高濃度的狀況會產生毒性，接著導致自由基的形成，並附著在蛋白質上，從而阻礙酵素活性區的靈活度。重金屬離子還會將維生所需的微量元素從其結合區置換掉，進而癱瘓細胞的基本功能。

耐金屬貪銅菌無法防止這樣的問題，但它具有一個設計巧妙的蛋白質系統，可以將金屬離子往裡外傳輸。如此一來，便能確保只有生存所需的金屬離子會存在細菌裡，而且濃度適中。

這樣的過程相當消耗能量，但該細菌所在之棲地，因受高濃度金屬污染，在覓食上幾乎沒有競爭對手，所以有足夠的能量來源支撐。

許多運輸蛋白基因幾乎只存在於基因體中所謂的「可動遺傳因子」[9]上，後者最為人所熟知的，就是能在不同

細菌之間迅速交換。最著名的例子就是對抗生素的抗藥性便是透過這個方式散播開來。這種機制能使細菌很快適應環境中不利生存的條件,進而占據這個生態棲位。

耐金屬貪銅菌的調控機制現已成為生物科技的工具。如果跟能製造色素的基因組合起來,這種機制就能作為開關,用來製造高效率的生物傳感器(biosensor,又譯生物感測器),就能用色素的產生來顯示環境裡特定金屬存在之多寡。

環境中若有含金的礦物,會被耐金屬貪銅菌轉化成化學元素金,而排放出極小的黃金微粒。所以,它們也實際參與了金粒形成的過程。為了展示這一過程,微生物學家卡澤恩·卡謝菲和藝術家亞當·布朗聯手在二〇一二年設置了一個名為〈金屬愛好者的偉大之作〉裝置藝術,致敬中世紀鍊金術士「*Opus magnum*」(拉丁文的「偉大之作」)這個想要把礦石鍊成金的活動。在這個裝置中,耐金屬貪銅菌被放進一個裝著透明金溶液的生物反應器裡,製造出由黃金微粒組成的生物膜,之後將其分離出來黏貼在這些生物膜的電子顯微鏡照片上展示。

[9] 指能從一個生物傳給另一個生物的遺傳物質。

Magnetospirillum magnetotacticum
趨磁磁性螺旋菌

形狀：螺旋彎曲狀
長：4.0至6.0微米
寬：0.2至0.4微米

　　動物具有視覺、聽覺、觸覺、味覺、嗅覺很常見，但細菌是否也有觸覺、聽覺、嗅覺，就不得而知了。不過它們可以接收某些物理刺激，藉以確定方向朝著目標前進或是離開。對化學刺激，細菌也有反應。而趨磁磁性螺旋菌能接收的刺激更多，會利用地球的磁場為自己定位。這種細菌是一九五八年，由義大利醫生薩爾瓦多‧貝里尼發現。當時，他在顯微鏡底下尋找水樣本中的病原體，注意到鏡頭下的某些細菌總是朝北移動，最後聚集在水滴的最北端。他還發現，利用磁鐵，可以控制細菌移動方向。經過進一步實驗，證實這種細菌體內有鐵化合物，能產生磁偶極，藉助於它可以用來定位。

　　只是當時學界卻無從得知這個發現，因負責論文出版把關的一位帕維亞大學資深學者，認為此發現並不可信，封殺論文出版機會，收進檔案室中任灰塵淹沒。二〇〇七年，這篇未出版的論文重新被人發現，因而改變一切。在

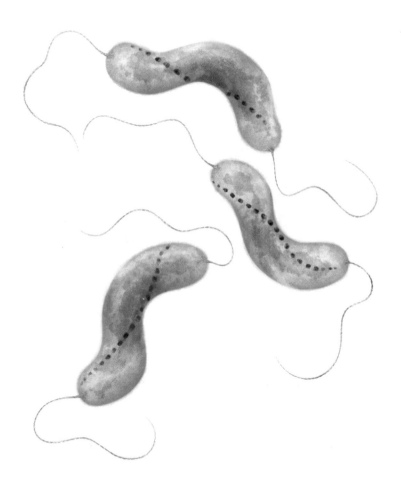

此之前，學界公認美國學者理查‧P‧布雷克摩爾為此細菌的發現者：一九七五年，布雷克摩爾在顯微鏡下發現，來自麻塞諸塞州伍茲霍爾池塘水樣本中的細菌，也有堅持往北移動的相同特性。

今日我們知道，趨磁磁性螺旋菌會在體內形成所謂的「磁小體」，是一種囊泡結構，能藉由特殊的運輸過程，汲取環境中的鐵離子納入囊泡中，而囊泡內的化學環境能促進結晶。另一方面，磁小體則透過特殊蛋白質，在細菌細胞軸的中間排列成鏈狀，這樣就不會因為彼此相吸而擠成一團。只有這樣，它們才能像長條磁鐵或指南針般發揮作用。一般而言，一個細胞含有十五至二十個這種磁小體。

這種對磁性的反應使此細菌隨著指向地心的地球磁力線移動。這可能是它們能快速找對方向鑽進水體底泥深處適合它們的特殊環境。今日，除了趨磁磁性螺旋菌外，也發現許多細菌都能產生磁小體。

如今，這類具有趨磁功能的細菌，在科技及醫學上頗被看重。它們體內的磁小體具有一個固定大小（四十五奈米）的小磁鐵，這項特徵非常重要，因為若是晶體太大或太小，都無法形成穩定或是相同排列的磁矩。目前，這種由細菌產生的磁小體及磁鐵礦晶體，無論在形狀或是尺寸的一致性上，都遠比人工製造的優越許多。

在醫學應用上，這些磁小體可能有助於磁振造影、磁性熱療或者外部控制將藥物運送至腫瘤之中。在實驗室及科技運用上，磁小體可用來隔離大分子，用於奈米感測器

或奈米開關等等。只可惜截至目前為止，還無法大量培養出這類具趨磁功能的細菌，產生足夠的磁小體供商業應用。

趨磁磁性螺旋菌的學名 *Magnetospirillum magneto-tacticum*，意思是趨磁的磁性小螺旋桿菌，屬名與種小名兩者皆指出此細菌的磁性特質。

Candidatus Desulforudis audaxviator
勇者脫硫桿菌 [10]

形狀：小桿狀
長：4.8微米
寬：0.3微米
前進：藉由鞭毛
特殊屬性：嗜熱且無法忍受氧氣

科學家早已確信，數十億年前的火星一定是一個有河流甚至有海洋，是個水源相當充足的行星。如今原來充足的水源，百分之九十都消失在宇宙之中。由於火星的公轉軌道橢圓率很高，使得夏季時火星南北半球之間溫度落差巨大。這會引起颶風，將水蒸氣帶到火星北極大氣層高處，那裡日照會分裂水分子，產生氫氣，散逸至外太空。今日，水在火星上只有以罕見的霧淞或水蒸氣的形式出現，否則就在地下湖泊裡，後者是二〇一八年在火星南極底下發現的。不過，假使火星曾經有很多水，理論上應該也曾存在過生命。若真是如此，它們到哪去了？由於太陽的紫外線輻射，火星地表非常不利於生存，水也僅能在土壤裡找到。既然如此，生命也可能全躲進地底深處了嗎？

[10] 部分中文報導僅稱之金礦菌。

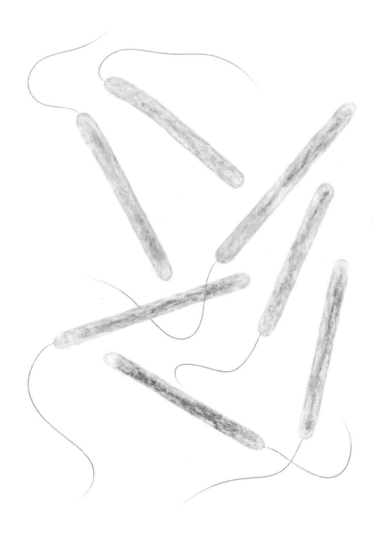

為了確認這個可能性，美國國家航空暨太空總署的天體生物學研究所提出一個研究命題，尋找地球上是否存在生物躲進地底深處的例證。是否曾有細菌在數百萬年前便與地表完全隔絕，至今仍然存活於其中？

　　二〇〇六年，他們在非洲威特沃特斯蘭德的姆波內格金礦找到答案。這個金礦擁有全世界最深的礦坑，人可進出。在礦坑約三公里的深處，研究人員發現岩石裂縫滲出的熱水含有細菌，且全部屬於同一菌種。他們將這種細菌命名為 Desulforudis audaxviator（前面保留暫定 *Candidatus* 一詞，代表尚未拍板認定）。[11]

　　當代重要的演化論研究學者之一的動物學家愛德華‧O‧威爾森認為，發現這個在深成岩中完全無需陽光也能生存的細菌，意義重大，因此也立刻成為他在生物多樣性講座裡的專題。

　　今日我們已經知道，勇者脫硫桿菌與地表上的生命已經隔絕約二千五百萬年。當時，非洲大陸板塊剛撞上歐亞大陸，最初的猿猴剛在非洲大陸繁衍開來。氣溫偏涼，南非一帶全是稀樹草原。不過，這細菌不僅存在非洲，地質微生物學家在美國、歐洲、亞洲的深井與礦坑中也發現同樣的細菌。科學家認為，經由地質變化的過程，這種細菌已經擴散分布於整個地球深成岩中。

　　勇者脫硫桿菌是如何從地球表面進入地質年代更古

[11] 此命名於二〇〇八年提出，待學界專家決定，截至本書付梓前，未有進一步消息。

老的深成岩裡，至今尚未釐清。它的暫定屬名Desulforu-dis，意思是能還原硫的小桿；暫定種小名audaxviator（勇敢的旅人），則來自儒勒・凡爾納小說《地心探險記》中，奧圖・李登布洛克教授發現的拉丁銘文寫著：「⋯⋯下去吧，勇敢的旅人，你可以抵達地心」（*......descende, audax viator, et terrestre centrum attinges*）。今日，這種細菌已經很能適應地底深處的生活：在一個缺氧且暗無天日，溫度約攝氏六十度左右的環境也能生長，並能忍受酸鹼值九點三的鹼性環境。只是，那裡的養分極為貧乏，因此研究人員猜測，勇者脫硫桿菌可能要數百年甚至千年，才會分裂一次。

勇者脫硫桿菌的能量來源，是間接來自存在深成岩中的鈾因放射性衰變而釋放出的輻射。輻射分裂水分子，這個過程所中產生的氫，被細菌用來還原來自岩石裡的硫酸鹽。它需要的氮源，可從環境中的銨離子來獲得。不過，它也有酵素，可以利用氮氣。碳源則來自一氧化碳或二氧化碳等氣體，不過也可以從死去的同類生物回收。這種細菌沒有忍受氧氣的能力，顯示其居住在與地表隔絕之處已經非常長久。

此細菌的基因體僅含二千一百五十七個基因。這些基因使它能夠辨識及利用養分，產生能量及製造維生所需的胺基酸。勇者脫硫桿菌有一根鞭毛，讓它能朝著目標移動。如同許多其他細菌，在不利生存的環境下，它也會形成內孢子（也稱芽孢）渡過危機。內孢子通常是在缺乏食物的情況下形成，具有多層且幾乎無法穿透的外殼，裡面

有特殊蛋白質保護它的DNA。內孢子中的水分含量大幅降低，代謝活動完全停止。這樣的內孢子可以存活數十年，特殊條件下甚至可以渡過數百萬年（球形離胺酸芽孢桿菌→78頁）。一旦生存條件變好，又可以從休眠狀態回復成細菌。

如今，在從地底深處採集的岩芯標本，或是地熱泉下地底三公里半的深處，都能找到與勇者脫硫桿菌親緣關係相近的細菌。現在也已經確定，這種細菌整合了其他許多細菌與古菌的基因，這些都是在它進入地底深處的演化旅途中所遇到的生物。

地底的生活頗為孤寂，勇者脫硫桿菌的生態系統只有它本身、岩石、水、周遭的氣體，以及間接提供它能量的衰變放射性元素。它的生活完全無需陽光，也獨立於整個生物圈之外，因為它不需要其他生物排泄或殘留之物，也不需要植物賴以為生的氧氣。除此之外，此細菌也是第一種以核能維生的生物，因此天體生物學家也對之非常感興趣。他們推測，類似的生物不僅能在火星生長，也可以在木星衛星埃歐、歐羅巴、蓋尼米德，或者土星衛星恩克拉多斯與泰坦上定居繁殖。這些地方缺乏氧氣與陽光，其他條件也全都符合。

Chromulinavorax destructans
毀滅者噬黃金藻菌

形狀：圓形
直徑：350至400奈米

　　毀滅者噬黃金藻菌就像細菌界的殭屍，半死不活地在地球淡水水域中隨波飄蕩，沒有任何代謝活動的跡象，不會生長更不會分裂繁殖。不過，一旦它被黃金藻類中的長鞭毛螺旋藻（*Spumella elongata*）吞噬，情況馬上改觀。長鞭毛螺旋藻是地球上最常出現的黃金藻，浮游於水中以細菌、病毒及其他單細胞生物維生。一旦被它吞食，毀滅者噬黃金藻菌就會醒來，從體內反噬，吃掉原來吞下它的黃金藻，因此微生物學家為之取了目前這個貼切的名字。

　　一開始，是黃金藻先吞下這個寄生者：它先以細胞膜上擠出的小囊泡包住細菌，並將這個小囊泡往細胞裡導引，準備消化它。但毀滅者噬黃金藻菌會阻止這個消化過程發生，並同時接管黃金藻的新陳代謝。僅需三小時，藻類的粒線體便會聚集在包住細菌的囊泡周圍。這些粒線體提供毀滅者噬黃金藻菌所需的能量，使這個殭屍細菌能利用藻類的細胞組成成分快速生長與分裂。十二小時後，新

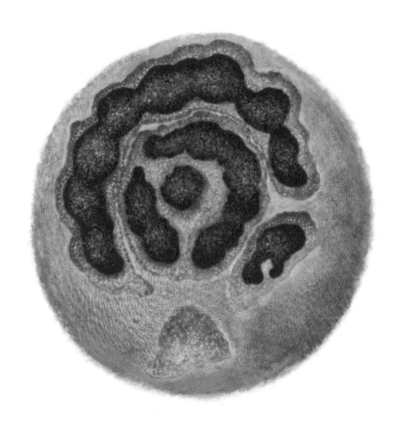

毀滅者噬黃金藻菌（在黃金藻裡，感染九小時後）

生的寄生者占據黃金藻體內的三分之一，再過六小時，黃金藻就會漲破，釋放這些新細菌於周遭環境中。

從基因體的分析可以看出，這種細菌連一個完整的代謝路徑都沒有。所有組成蛋白質、基因、碳水化合物、脂肪時所需的元件，它都無法自行產生，只能破壞已存在的東西再進行改裝占為己用。

這點上此細菌與病毒非常類似，只能在特定的細胞中生長繁殖，在宿主之外則毫無活性。但兩者最主要的差別是，毀滅者噬黃金藻菌不像病毒必須靠宿主的胞器複製自己的基因體。這種細菌在分類上屬於奇特的依賴菌門（*Dependentiae*，拉丁文依賴 *dependentia* 一詞之複數形），是研究人員在基因資料庫中搜尋土壤樣本裡的未知序列時發現的。找到後進一步搜尋，發現竟然在廢水、溫泉，以及覆在蓮蓬頭、水管、洗手台上的生物膜上，都有相同或極為類似的基因序列。就像考古學家從莎草紙書卷的斷簡殘篇重構出整個文本般，根據這個基因序列，研究人員也能藉由電腦重組出基因與基因體，並進行分析。分析結果顯示，這個新菌門的成員必定是寄生型細菌。比起其他細菌，它們負責代謝酵素的基因很少，卻有很多運輸蛋白基因，顯然其維生必定是犧牲其他生物為代價。從其他基因則可以看出宿主應該是真核單細胞生物，但當時研究人員還未實際找到這種奇特的生物。

最後，研究人員在發現這個基因的環境中先尋找單細胞生物：像是阿米巴變形蟲和鞭毛蟲等這類爬行或靠鞭毛

移動，並以細菌為主食的單細胞生物。就這樣，研究人員在黃金藻類中的長鞭毛螺旋藻裡，發現了毀滅者噬黃金藻菌這種寄生型細菌。

Bdellovibrio bacteriovorus
噬菌蛭弧菌

形狀：群聚細胞狀如略微彎曲的小
桿（前端略為扁平）
長：0.75至1.2微米
寬：0.3至0.4微米

　　噬菌蛭弧菌，這個會吞食細菌，長得像水蛭的生物，
是細菌界中的掠食者。它在淡水及鹹水水域中獵捕大腸桿
菌（→268頁）、沙門氏菌（*Salmonella*）、綠膿桿菌（假單胞菌
→170頁），衝撞鑽孔，將這些獵物當成養分來源。不過噬
菌蛭弧菌不像名字所示，既不會吸食，也不會像鯊魚那樣
撕咬獵物，而是以線毛附著在獵物身上，利用酵素將細胞
壁腐蝕出一個小洞。一旦進入細胞，它就會把洞封住，讓
宿主從內部補好整個細胞壁。這時宿主細胞會變形，從短
棒狀變得像顆球一樣。這個完全密閉的步驟，可能是為了
避免在噬菌蛭弧菌進行細胞破壞時，養分會因此流失。

　　此時它會待在宿主細胞壁及細胞膜之間的空隙，鞭毛
消失，並分泌酵素，使宿主的細胞膜容易滲透，進而消化
掉宿主細胞的組成元素。此外還有運輸蛋白，將養分輸送
到自己細胞內部。

　　這個破壞及消化宿主細胞的工作執行得相當澈底，

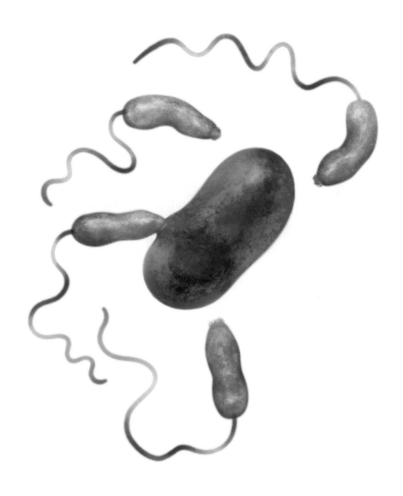

噬菌蛭弧菌（及獵物）

以致於研究人員至今在噬菌蛭弧菌的基因體中找不到任何來自宿主的基因，也就是說，被侵占的細菌基因體沒有在噬菌蛭弧菌留下任何蛛絲馬跡。隨著宿主細胞內部愈縮愈小，噬菌蛭弧菌漸漸長成圓柱或管狀，並多次分裂。在成熟後會長出新鞭毛，新細菌將宿主的細胞壁從內溶解，然後繼續尋找下一個獵物。一旦入侵，獵物的命運也就注定了：從感染到離開，只需三至四小時就能經歷一個完整週期。根據宿主細胞大小，可能出現三至六個新噬菌蛭弧菌，在一些情況下，甚至能生出九十個新細胞。

這種細菌在捕獵物時，速度會變得非常驚人：在每秒高達一百六十微米的速度下，一秒鐘之內，它可以移動的距離是自己身長的百倍有餘。若是一個身高一百八十公分的人類，要在同時間內達到同樣的相對距離，時速必須高達六百五十公里。之所以能夠這麼快速，是因為具有一根對細菌來說異常粗壯，而且形狀扭曲相當特殊的鞭毛。不同於許多細菌，噬菌蛭弧菌似乎對獵物所釋放出的化學刺激沒什麼反應，只是隨機尋找目標。

由於它能破壞不少病原菌，因此在醫療研究上頗具意義。以受沙門氏菌感染的家禽雛鳥為研究對象的動物實驗便顯示，餵食噬菌蛭弧菌可以明顯改善沙門氏菌的感染狀況。

這種會吞食細菌，長得像水蛭的桿狀細菌，一九六二年由德國微生物學家海因茲·斯托爾普所發現。它存在於

鹽水、淡水、半鹹水裡，也出現在廢水和水管，以及土壤和植物根部，此外還存於一些動物的腸道裡。

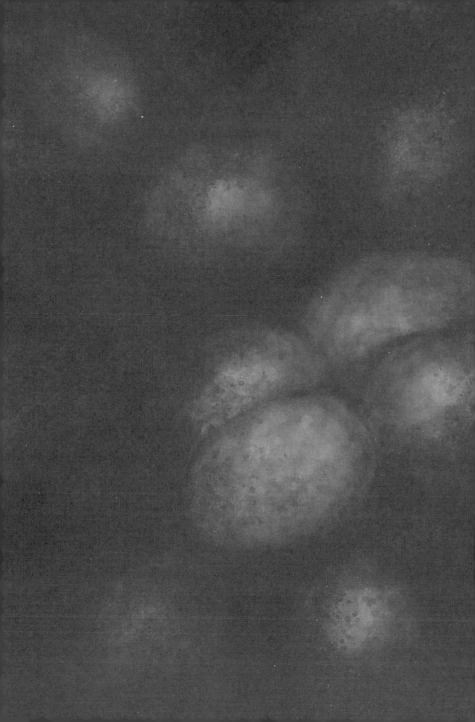

生技產業類
Technische Biotope

Deinococcus radiodurans
抗輻射奇異球菌

直徑：1.5至3.5微米
顏色：在培養基上會形成粉紅色至
紅色，向上拱起的光滑菌落
前進：無法活動
出現形態：多半由二、四或八個細
胞組成複合體

　　在合適的環境下細菌每二十分鐘分裂一次，與人類的
繁殖速度相比，細菌二十年所達到的數量，人類需要數百
年才能達到。所以說，細菌的演化比人類迅速且超前許
多，也是顯而易見的。

　　因此，細菌若是很快就適應人類才剛創造出來不久的
新環境，也不足為奇。而這些所謂的新環境，也包括我們
希望保持無菌的地方。

　　抗輻射奇異球菌，一顆不怕輻射的恐怖小球，是地球
上抵抗力最頑強的細菌。發現這種細菌時，還是放射性輻
射線大受歡迎的年代，科學家還在考慮如何以核反應爐驅
動大貨車及飛機。當時，放射性輻射還運用在鐘表上，做
為指針及表盤上超亮塗料，能在黑暗中閃閃發亮，而這種
做法令成千上萬的鐘表工業工人死於癌症。此外，人們也

認為放射線可以延長食物的保存期限。

　　一九五六年，剛拿到博士的微生物學家亞瑟・W・安德森在科瓦利斯的奧勒岡農業研究所研究肉類罐頭是否可以不必加熱，僅用伽瑪射線就能長久保存。他將肉放進絞肉機，裝進錫罐密封，然後以幾十戈雷輻射照射，這個輻射強度足以對人造成重傷，並在數天內死亡。然而，數星期後，一些罐頭食品還是開始膨脹，打開後發現肉已經腐敗。

　　腐敗的原因是一種能抵抗高強度輻射的細菌，所以這種細菌得到這樣的名字，也不難想像。不過它還有另一個暱稱：「細菌界柯南」──源自小說及電影裡虛構的角色「蠻王柯南」[1]，一個總是能死裡逃生的英雄人物。

　　後來，人們也在核子反應爐的冷卻水管迴路中發現這種細菌。如今我們已經知道，抗輻射奇異球菌可以承受高達五千戈雷的輻射曝露量，提高到雙倍時，一半的細菌會死亡。即使受到每小時六十戈雷的輻射劑量持續照射，也能毫無影響地繼續生長與繁殖。與之相比，人類最多只能承受五戈雷的輻射曝露，腸道細菌中的大腸桿菌八百戈雷。此外，這種細菌對用來殺菌的紫外線，也有相當強悍的抵抗力。

　　抗輻射奇異球菌的防護機制相當複雜，有異常強韌的細胞壁可以阻擋紫外線，且有修復效果強大的酵素，

[1]　Conan the Barbarian，主角同名電影在台灣譯為《王者之劍》。

能以創紀錄的速度修復細胞核中的DNA：一般細菌可以同時修復二至三處受損，但這顆恐怖小球可以一次修復五百處，包括DNA雙股結構斷裂這種通常致命的損傷，而這可是一個連基礎醫學研究者都很感興趣的技術。除此之外，細菌常常形成四個一組的小群，它們細胞裡有多套基因，細菌間也可以互換基因，方便進行修復。

這種細菌最令人感興趣的，是什麼原因使它具有如此神奇的抵抗力。畢竟，強度如此高的輻射，在地球上並不可能自然發生。一個特別大膽的假設是抗輻射奇異球菌來自火星，因而表面暴露在強烈的宇宙射線下。目前學界比較認同的說法是，由於抗輻射奇異球菌也特別能抵抗乾旱，而耐旱與抗輻射用到的機制接近，因此其抗輻射性只不過是連帶的結果。

如今，人們正在嘗試利用此細菌的特殊能力，來處理放射性廢棄物。例如，透過特定的基因改造，它可以使核廢料所含的鈾或汞無法溶解，或者化解溶劑中的毒性。

這種細菌在自然界中存在於土壤、糞便和有機肥料、人體腸道、肉品、乾糧和醫療器材上，也在室內灰塵及衣物等紡織品上，能利用多種養分，且需要氧氣維生。

Dehalococcoides mccartyi
麥卡氏脫鹵球菌 [2]

形狀：圓盤狀，兩側盤面明顯內凹
直徑：0.3至1微米
寬：0.1至0.2微米
前進：無法活動

幾乎所有複雜的化合物，包括那些對人類來說有致命危險的化合物，都可以變成細菌的養分及能量來源，這種令人佩服的能力是細菌特性之一。例如，麥卡氏脫鹵球菌可以分解劇毒戴奧辛，包括塞維索事件的2,3,7,8－四氯雙苯環戴奧辛。這種細菌生長在沒有空氣的土壤裡，能量來源則是從戴奧辛及類似的化合物中將氯原子分解出來，以氫代換，而此降解過程的產物便可輕易讓微生物分解。

戴奧辛屬於有機氯化物，分子主要由碳和氫原子組成，其中一個或多個氫原子由氯取代。若有機裡取代氫原子的不是氯，而是其他同屬鹵素的元素，便稱為有機鹵化物。尤以氯化物最為人知，多數人的印象來自人造化學用品，像滴滴涕、農藥「靈丹」、多氯聯苯、五氯苯酚等等 [3]。

然而，有機鹵化物實際上也存在自然界中，火山爆

[2] 中文報導通常僅稱脫鹵球菌。自然界中的鹵素包含：氟、氯、溴、碘、砈。
[3] 以上皆因毒性禁用。

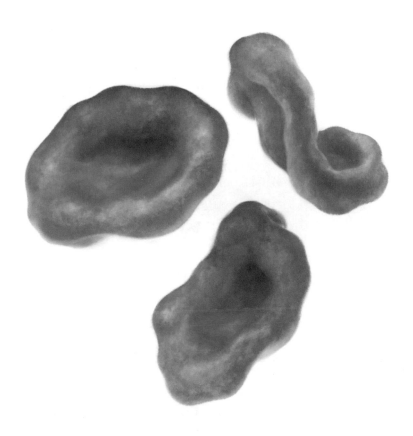

發、森林或草原大火，或者地熱能的變化過程，甚至連生物都會產生有機鹵化物。

海綿動物會利用有機鹵化物來防止其他細菌附著，並可嚇走捕食者。有些芋螺會用有機溴化物殺死獵物；豌豆、小扁豆（學名兵豆）和其他豆科植物會分泌有機氯化物作為激素；生活在海水、內陸水域、污水池、土壤中的真菌，也會分泌氯過氧化物酵素（簡稱CPO）消化食物，因而產生濃度高到驚人的有機鹵化物。而這些有機鹵化物，又成了許多細菌賴以為生的物質，這種能分裂鹵素的小球就是這些細菌之一。麥卡氏脫鹵球菌生長的自然環境是無氧的地下水流、沉積岩、污泥等這些含有天然有機氯化物的地方。親緣相近的菌種，也生活在杳無人跡之處，像是北極凍原帶或是深海裡已存在數千年的海床層裡。

大自然也會出現戴奧辛，例如火山爆發，或者在燃燒有機物時附近正好有氯化物，溫度又達到攝氏三百度，便會產生戴奧辛。就像森林大火，或燃燒廢棄物、彩色蠟燭、塗漆或加工處理過的木材等等，都會產生戴奧辛。產生的量及組成成分則取決於溫度高低以及燃燒物質中氯含量的多寡。目前已知有超過七十種的戴奧辛，以及一百三十多種與之極為類似的呋喃，一般全部統稱為戴奧辛，其中只有十七種有毒。由於戴奧辛非常穩定，會透過食物鏈積存在生物體內，人體內的戴奧辛主要來自動物性食物如魚、肉、蛋、乳製品。

一九七六年，義大利塞維索附近的梅達化工廠發生嚴

重事故，戴奧辛一夕成名。此事故造成數百人中毒，污染土地面積高達六平方公里。

大量的戴奧辛殘留，也常出現在工廠及附近土地上，例如在德國漢堡莫爾弗里特區百靈佳殷格翰製藥公司的前化工舊廠區，或是前東德化學工業中心比特費爾德地區。正是在比特費爾德，科學家在二〇一二年首次發現麥卡氏脫鹵球菌。當時，生物學家正在尋找能忍受或甚至分解氯化烴的細菌，以期修復受化學污染的土地。

如今，世界各處——通常是在受污染的土壤裡——都發現此細菌。當地也常常會有親緣接近的菌種伴隨出現，這些細菌各自專精於不同的氯化物，還有一些能進一步分解脫鹵球菌的代謝產物。如今，許多研究機構及公司都已利用麥卡氏脫鹵球菌及其他脫鹵球菌，專門分解戴奧辛或工廠製造的有機氯化物等污染物，如塑化劑中的多氯聯苯。

Alcanivorax borkumensis
博克島嗜油菌[4]

形狀：小桿狀
長：1.6至2.5微米
寬：0.6至0.8微米
前進：無法自主行動

　　博克島嗜油菌生長在海洋裡，最先在北海博克島附近的海水樣本中發現。一般海水中只有少量，不過一旦出現碳氫化合物，特別是長鏈烷烴，[5] 此細菌的數量便會暴增。此細菌非常挑食，無論是糖、碳水化合物還是胺基酸，都無法成為其養分來源。

　　儘管如此它還是出現在一般海水裡，不過這也不令人驚訝，畢竟就連遠離主要航道的海水裡，還是含有碳氫化合物和原油，主要來自海底瀝青火山或儲油層等天然資源。美國加州聖塔芭芭拉海岸附近，三平方公里大小所謂的「煤油點滲流場」（Coal Oil Point seep field，簡稱 COP），三萬多年來[6] 天天都從海床湧出原油，單日最高可達二萬四千公升，以及數倍於此的甲烷與其他天然氣。這一切全都

[4] 又譯博克島食烷菌。

[5] 烷烴為碳氫化合物底下的一種飽和烴，石油原油中主要組成幾乎全部皆為烷烴類化合物。

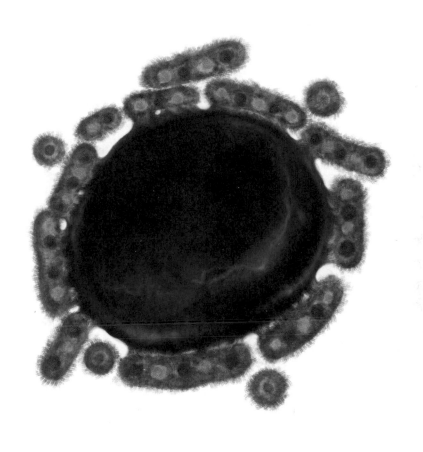

博克島嗜油菌（在油滴上）

來自七座已熄滅的瀝青火山。最高紀錄是墨西哥灣，那裡每年會從海底冒出大約十六萬公噸的石油，再加上沿海及內陸的油砂或焦油砂。其餘的碳氫化合物則來自動物或植物，畢竟許多生物都會產生油或蠟，用作塗層或浸漬液，或用作食物及脂肪之儲存等等。

在含有大量石油的海水處，博克島嗜油菌會迅速繁殖，並成為該區域的優勢物種。不過，雖然它們在油污海域及海灘的自淨作用上有巨大貢獻，但重大事故發生時，漏油量往往過於龐大，無法靠它們處理。要利用它們的話必須加快其繁殖速度，為此就得添加硝酸鹽和磷酸鹽作為肥料，只是如此一來，海水裡的氧氣很快就會消耗殆盡。此外，博克島嗜油菌也只能在海水上層活動，無法承受高壓，因此也不會出現在海底，那裡有其他的細菌分解油類。

博克島嗜油菌專門分解烷類，而且是無分支的長鏈烷烴。但也可以分解少量的環烷類，也就是芳香族化合物。此外，石油中還有支鏈烷烴及多環烷類，由好幾個環及長鏈組成，所含毒性也相當令人擔憂。儘管這些物質也可以被細菌分解，但細菌目前仍然不是解決漏油事故的萬靈丹。或許，備著含多種嗜油菌酵素的製劑，可能會有幫助。

另一方面，這些嗜油細菌在開採石油時也會造成問題：它們在代謝時會產生過氧化物、酸和硫化氫，這些又會為其他細菌所用，最後降低石油的耐熱性，讓它變得更

[6] 學界普遍認為是五十多萬年。

易揮發。

在深海處發現嗜油細菌也是一個未解之謎。在十一公里深的馬里亞納海溝底部，也是目前所知海平面以下最深之處，以油為食物的細菌是所有同類生物中最優勢的物種。

海水中的細菌密度會隨著深度下降，直到海平面下方四公里處為止。之後又會逐漸增加，到了十點四公里的深度，甚至會突然大增。從這個深度開始，嗜油類細菌占有多數優勢，這裡的海水也的確含有豐富的碳氫化合物，與上層海水大不相同。這些烷類是從哪裡來的，目前還不清楚。根據這個地區的地質狀況來看，研究人員懷疑是某種目前仍然未知的生物所產生。

在所有嗜油菌中，研究最多就是博克島嗜油菌。一個容易觀察到的現象是，這類細菌在消化油滴之前，會先改變自己適應油滴表層。細胞膜會變得更具親脂性；它們會長出線毛，以便與油滴更緊密結合，還會在油滴周圍形成一層類似生物膜的東西。它們會釋放出界面活性劑，也就是洗碗精裡溶解油脂的成分。這些類似肥皂的物質讓它們能接觸並吸納油滴，而不傷害自己的細胞膜。顯然它們也會將油的分解代謝產物整合進自己的細胞膜，此時細胞也會明顯膨脹起來。

Ideonella sakaiensis
大阪堺菌

形狀：小桿狀
長：1.2至1.5微米
直徑：0.6至0.8微米
前進：透過一根鞭毛移動

自從工業大量生產並廣泛使用EPS（發泡聚苯乙烯，俗稱保麗龍）、PVC（聚氯乙烯）、尼龍、PS（聚苯乙烯）、PET（聚對苯二甲酸乙二酯，為寶特瓶原料）等聚合物後，由於這些物質幾乎全都無法生物分解，塑膠廢料已發展成環境污染最頭痛的問題。

正因如此，二〇一六年日本學者在港口城堺市寶特瓶回收中心的垃圾裡，發現一種至少可以分解PET塑料的細菌時，引起一陣轟動。

PET除了用在飲料瓶和包裝上，也用在纖維及紡織品、醫學植入物及科技產品上。光是二〇一六年的生產量就高達五千萬噸。據專家估計，寶特瓶要自然分解，需要四百五十年。

自從有報導指稱，PET塑料紗線會發霉後，研究人員就開始尋找可以分解它的生物。回收中心因有大量的PET塑料存放於露天場所，是研究這類生物的好地方。因為如

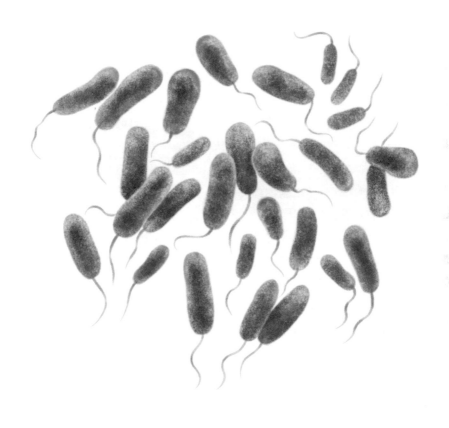

果真有能消化此類塑料的生物，這裡是最有可能發現它們的地方。

微生物學家在二百五十個培養皿中填入特別的培養基，裡面唯一的碳源是 PET 塑料小薄片，並將從回收場中廢棄物、污水、土壤所採集的樣本加入。果然，當中有幾個培養皿裡的小薄片都出現了被消化分解的現象。

在這些薄片上，也發現由細菌、酵母菌、真核單細胞生物所組成的生物群落。從這些培養物中研究人員分離出一種能自行消化 PET 塑料小薄片的細菌。這種細菌很快就長成一片菌落，可在六週內將一片幾平方公分大小的碎片分解殆盡。

這種來自堺市的細菌與當時已知的艾德昂菌（*Ideonella*）親緣非常接近，後來被歸類在這個屬下。艾德昂菌是瑞典艾德昂研究中心學者一九九四年在污水處理廠中的活性污泥發現的。這種細菌可以消化水中加氯所產生的氯酸鹽。種小名 *sakaiensis* 則以發現它的地點堺市（Sakai）命名。

大阪堺菌有兩種酵素可以消化 PET。它會附著在此種塑料表面，並分泌一種酵素將之分解成一種叫做 MHET（單 -2- 羥乙基對苯二甲酸）的中間產物。這種名為 PETase 的酵素非常專業，在 PET 塑料非常密集時，在室溫下即可發揮作用。MHET 會接著被細菌吸收，由另一種酵素 MHETase 分解成對苯二甲酸和乙二醇，這也是生產 PET 的原料。最後，細菌會利用這些化學物質產生能量並分解

成二氧化碳和水，其他能利用它們的微生物也有同樣的代謝途徑。

PET塑料問世不過七十多年，至今人們仍然無法理解為何此酵素的演化如此迅速。今天我們已知，那些能分解同樣是人類發明的新物質，如除草劑「草脫淨」或是尼龍材質中一些化學物質的酵素，與之前已存在的酵素只有輕微的突變差別。但至今尚未發現與PETase及MHETase相近的酵素。

透過基因工程技術，如今不僅已能提高酵素的分解效率，還能處理分解PTE塑料時的另一種中間產物。這也代表PTE塑料可能可以完全回收，並利用它所產生的生質，或者也可能重新獲得其生產原料。

若是這些細菌進入大自然，並且開始分解消化海洋中的PET塑料垃圾，等於是在海洋添加養分，恐怕會導致意想不到的生態後果。但另一方面也可以想像，這個在回收處理中心所產生的天擇過程，遲早也會發生在海中被風浪吹疊而成的塑膠垃圾大島。或許，海洋中早就存在能消化塑料微粒的細菌了。

Burkholderia pseudomallei
類鼻疽伯克氏菌

長：2至5微米
直徑：0.4至0.8微米
前進：可透過鞭毛移動

　　類鼻疽伯克氏菌是絕食大師。這種細菌最厲害的絕技，就是在不額外添加任何養分的蒸餾水中還能存活數十年。

　　為了查驗這種說法的可信度，泰國曼谷瑪希敦大學研究人員將類鼻疽伯克氏菌放進裝著蒸餾水的容器中，密封後在攝氏二十五度下保存。每年研究人員會抽取樣本一次，檢查細菌是否還活著。結果，即便在十六年後，仍有不少細菌存活下來並且還能繼續分裂繁殖。從細菌基因的變化也能得知，在這十六年中仍有細胞分裂的發生。

　　同時，類鼻疽伯克氏菌也是一種極危險的病原體。堅韌的生命力加上殺手級的傷害潛力，使這種細菌成為最佳生化武器候選人。這類武器非常可怕，像無聲無息的殺手，不用開槍也不必放炸彈，就能使人數天數週甚或數月動彈不得，甚至置人於死，可能為恐怖分子所用。視傳染力的強弱與潛伏期之長短，病原體可以在有人驚覺到這可

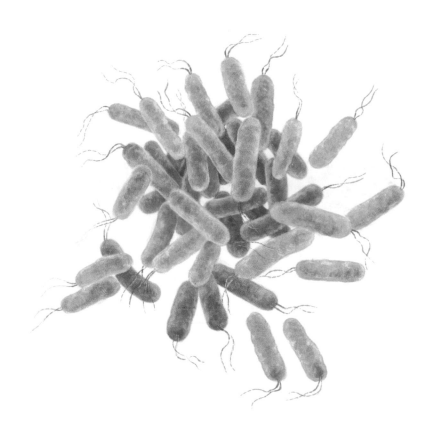

能演變成一場大疫災前，數天內經由長途火車及飛機運送，便將疾病傳遍整個大陸。不過，細菌與病毒不懂得分辨敵友，所有大感染最終都會傳回己方陣營與部隊，這也可能是何以近年來不管是國家或是恐怖組織都不曾使用這種生化武器。話說回來，瘋狂的人總是存在，生化武器又容易取得，大自然中就有。像類鼻疽伯氏菌就可能也生活在某些植物的根部，並似乎以變形蟲類的單細胞生物為食物。

感染這種細菌的人會引起類鼻疽（pseudo-snot[7]，正式病名為 melioidosis），一種常被誤診且有致命危險的疾病，其種小名 *pseudomallei* 就是這樣來的。屬名 *Burkholderia* 是紀念美國植物病理學家華特‧H‧伯克霍爾德（Walter H. Burkholders），他發現許多導致植物病害的細菌，以及它們對人類疾病的影響。

在大自然中，許多熱帶地區的土壤都有這種細菌。造成感染的地區主要是東南亞及北澳大利亞，但在中美洲、非洲、歐洲也曾有過病例。據估計，單是二〇一六年便有十六萬五千人受感染，當中半數人死亡。

這種細菌的感染是接觸藏有細菌的土壤或水，但也可能透過呼吸吸入細菌致病。它會導致慢性皮膚感染及膿瘍、肺炎或引起全身性發炎的敗血症，後者相當致命。這也是此細菌被拿來當作生化武器的原因：抵抗力極強，可

[7] 英文字首 pseudo- 有「偽」「類」之意，snot 為鼻涕。

以透過噴霧釋放致病，易於傳播卻難以診斷，且幾乎無法以抗生素治療。

Tersicoccus phoenicis
鳳凰號潔球菌

形狀：幾近圓形
直徑：1微米
前進：無法活動
特別之處：完全依賴氧氣為生而且
不會形成孢子

　　至今科學家還無法確定，在其他星球上是否也有生命或至少其遺留下的蛛絲馬跡。因此，那些會降落或撞上小行星、各種衛星或陌生星球的太空飛行器就必須確保完全無菌。若不小心夾帶地球上的生物上去，不僅會誤判外星物種，使探險結果失真，還可能會對該天體上的生態造成嚴重後果。因此，飛行器都是在經過認證且持續監控的高階無塵室中製造與組裝。此外，飛行器的每個部位和每個零件，以及製造廠房的每個角落，都要定時以紫外線輻射及各種化學藥品消毒。

　　儘管如此，研究人員還是分別在兩個相距四千公里遠的高階無塵室裡發現細菌：二〇〇七年在佛羅里達甘迺迪太空中心，製造鳳凰號火星探測器的無塵室地板上；另一個則在二〇〇九年在法屬圭亞那，組裝赫歇爾太空望遠鏡的無塵室。兩次發現的細菌都有鳳凰號潔球菌，它能安然

渡過各種消毒方式，能在乾旱及室內食物極端匱乏的情況下存活。微生物學家非常確信，大自然中一定也能找到這種細菌。只是截至目前為止，還未在世界任何一個角落找到它。

當時在與它親緣最相近的細菌比對後，研究人員發現兩者 DNA 序列相似度低於百分之九十五，因而將這種細菌視為新菌種，而且還代表一新菌屬。二〇一六年，研究人員又找到另一個同一菌屬的森林潔球菌（*Tersicoccus solisilvae*）。如同種小名 *solisilvae* 所示，這種細菌生長在森林土壤裡，是印度科學家在研究印度西岸的西高止山脈微生物多樣性時所發現。這個地區也是印度生物多樣性最豐富的地區。

屬名 *Tersicoccus* 是潔淨小球之意，因這細菌生長在無塵室（*tersus* 在拉丁文是潔淨之意）與其形狀（拉丁文 *coccus* 原指大漿果）而得其名。種小名 *phoenicis* 則是因為在鳳凰號（Phoenix）火星探測器的製造場所發現，該探測器已在二〇〇八年五月登陸火星北極區。

如今，研究人員在無塵室及太空飛行器裡，除了鳳凰號潔球菌之外還找到九種細菌。其中四種與抵抗性極強的耐乾熱類芽孢桿菌（→92頁）親緣極為相近。此外還分離出數百種細菌，並將DNA 序列資料輸入資料庫中，但尚未進一步辨識分類。

據美國太空總署推測，自二〇一一年開始執行任務，且在二〇一八年成功將好奇號送上火星的火星科學實驗

室，在其所有經過高溫殺菌的零件裡，應該還有約三萬個耐熱細菌孢子存於其中。即使是好奇號本身這輛九百公斤重，小型車般大小的探測車，也並非完全無菌。查驗起飛前擦拭車體表面的消毒紙巾發現，除了真菌孢子外，還有屬於放線菌門（*Actinobacteria*）、α- 變形菌綱（*Alphaproteobacteria*）、氨氧化古菌科（*Nitrososphaeraceae*）的種種細菌。這些細菌，不僅生活在陸地土壤裡，也生活在水中。

這個發現顯示，試圖清除太空探測器上所有微生物，想在無菌的狀態下發送到其他天體的種種措施，可能都白費力氣了。鳳凰號潔球菌也可能是第一種從地球出發，登陸火星的生物。

這些跟著太空探測器及飛行器抵達火星的細菌，能否在那裡的環境條件下生長繁殖，還有待觀察。從常見的土壤細菌枯草桿菌（*Bacillus subtilis*）實驗中，我們可以得知，火星土壤中常有的高氯酸鹽，加上同樣存在土壤中的氧化鐵和過氧化氫，是相當致命的組合。若再加上火星上幾乎毫無遮蔽直射下來的太陽紫外線，更加強殺傷力：一分鐘內，細菌就會死絕。但另一方面，科學模擬卻也顯示，細菌也有可能變成孢子藏在火星岩石中倖存下來。

Pseudomonas aeruginosa
綠膿桿菌[8]

形狀：小桿狀
長：2至4微米
表面：布滿附著纖維
前進：利用一端長出的一束鞭毛活動

　　某些堅韌頑強的細菌，對人類足構成一大威脅。它們不怕抗生素早已不是新聞，較新消息是，有些生物如綠膿桿菌，竟連消毒液也不怕了。若不趕快發展對策，對醫學界將是場大災難。

　　綠膿桿菌喜歡潮濕充滿霉味之處。除了生長在大自然中的沼澤及潮濕土壤裡，也棲居在人造的潮濕群落生境裡，例如浴室等潮濕房間、洗衣機、洗碗機、血液透析器、呼吸器、導管等等地方。它們頑強地生長在軟管裡，在馬桶、洗手台、浴缸或防滲物品的表面，形成一片幾乎無法清除的生物膜。

　　從上述的生長環境，它也找到侵入人體的途徑，成為造成醫院感染的原因，有時甚至致命。它會溶解紅血球並釋放毒素，對免疫系統失調的人特別危險。傷口、肺、泌

---

[8] 拉丁學名 *Pseudomonas aeruginosa* 直譯為「銅綠假單胞菌」，本書以台灣慣用俗名綠膿桿菌稱之。

尿道、血液，以及耳道、女性生殖器官、腸道或大腦都可能受到這種病菌感染。此細菌的種小名 *aeruginosa*（*aerugo* 在拉丁文為銅綠之意）形容的就是感染所引起的藍綠色膿瘡。一八九四年將屬名命名為 *Pseudomonas*（假單胞菌）的原因並不清楚。有可能當時為它命名的波蘭／德國植物學家華特·米古拉認為其外型與某些鞭毛蟲很像，而在當時，鞭毛蟲尚被統稱為 *Monas*（希臘文單體之意）。

此細菌的生存能力令人印象深刻，不僅可以在柴油油罐裡導致有機污泥的形成（被稱作柴油油瘟），而且只要微量有機物質存在，它甚至可以在蒸餾水和某些消毒液中生長繁殖。

有幾個原因，讓人難以對付這種細菌：它有線毛這種具黏著性的構造，可以緊緊附著在物體表面上，細胞外膜上還覆蓋著褐藻膠，如同罩著一個保護膠囊。線毛及保護膠囊使它們很難被傳送至體外（例如經由肺部出去），也不容易遭受抗體及白血球的攻擊。此外，它還會形成生物膜，阻擋抗生素及消毒液的滲透。研究顯示，若它附著在物體表面，對七種常見消毒液的抵抗力，比它在水裡平均要高出三百倍之多。更糟糕的是，一項新研究報告指出，那些之前對抗生素仍然敏感的綠膿桿菌，在使用消毒液後，不僅能存活下來，而且還產生了抗生素抗性。除此之外，此種細菌還會產生特殊的訊息分子，啟動其他細菌的基因。這種警告機制會加速其他細菌形成生物膜，或製造對抗免疫細胞的保護構造。

從上述的例子我們可以清楚看到，如今醫院本身已會製造新型病原體。今日，病患死亡原因常常不是因醫院外的感染，而是感染了醫院內的「超級病菌」──那些在醫院裡演化出來的高致病力且具有抗生素抗性的病原體。醫學界必須要有心理準備，因為這樣的問題在未來幾年內一定會加速惡化，而且全世界都會受到影響。

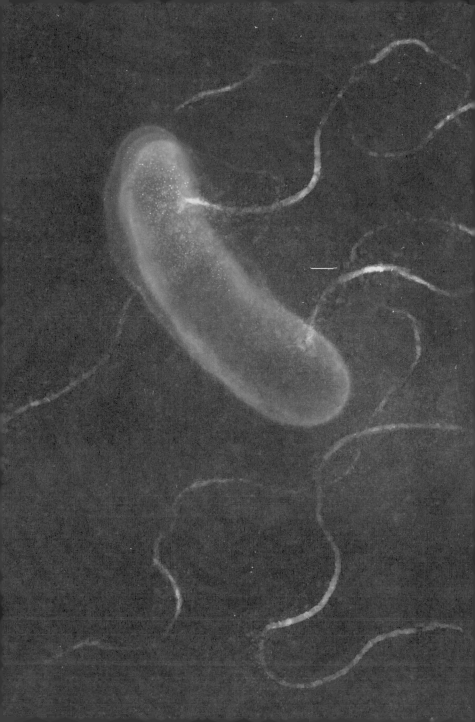

奇特的養分來源
Exotische Ernährung

Shewanella oneidensis
奧奈達希瓦氏菌

型態：靈活多變
室溫下：1.2至9.6微米，直徑0.4
至0.9微米之小桿狀；
在比冰點略高的溫度下：長度可達
16微米，直徑約為0.5微米之絲狀
前進：長於尾端之鞭毛

　　沒有電子的流動，就沒有生命。人類與動物從食物中得到電子，利用這些反應建構出複雜的物質，再轉移到其他分子上帶走，例如空氣中的氧氣。在這個名為氧化的釋放過程中，會產生二氧化碳，並經由呼吸排出體外。

　　由於可溶性養分及氣體容易穿透細胞，因此從這兩者也最容易獲得及轉移電子。然而地球上許多棲地都很缺乏養分及氧氣，但還是有許多細菌及古菌生活其中的環境。它們會從其他物質得到電子並轉移到硫化物、氮化合物、二氧化碳或金屬鹽，可以說是把硫、硝酸鹽或砷化物當作氧氣，一種充滿異域風情的另類「呼吸者」。

　　奧奈達希瓦氏菌就是這類微生物之一，也是一種常見的土壤細菌。在有氧氣的條件下，它的新陳代謝一點都不特別，一旦生存環境缺氧，奧奈達希瓦氏菌可以將電子直

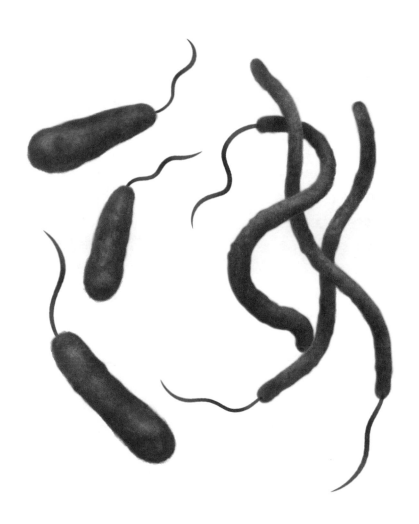

接轉移到金屬化合物上。這種細菌與海底希瓦氏菌（→104頁）是同一屬的細菌，其種小名 *oneidensis* 源自美國紐約州的奧奈達湖（Oneida Lake），即一九八八年此菌的發現地點。

奧奈達希瓦氏菌可以還原十種不同金屬的化合物：鐵、錳、鈀、銀、鉻、釩，以及鉛、鉻、汞、鈾等劇毒金屬。這是因為細菌外壁層有特別的色素，也就是所謂的細胞色素，可以將細胞內部的電子轉移到特定金屬鹽上。生長在土壤裡的細菌可以探測到金屬化合物的存在，朝向目標移動，並以微絲接觸目標物。這種從菌體延伸而出的微絲，直徑只有50至150奈米，長度卻可達幾十微米[1]，比細菌本體長上一百倍。奧奈達希瓦氏菌會在金屬礦物質逐漸形成生物膜覆蓋，讓成千上萬的細菌生長於其中。不過，有些化合物是這種細菌無法容忍的，其中包括鋰鎳錳鈷氧化物等這些多用在智能手機、電動腳踏車、電動汽車新型電池的化合物。

由於它能還原出銀、汞、鈾等金屬元素，因此非常適合用來處理受金屬污染的土壤和污水，也很適合拿來生產金屬奈米顆粒。初步研究顯示，透過基因技術調整細菌表面結構還可以改變金屬顆粒大小。至於這些顆粒則可以用在如腦瘤的治療等技術之上。

研究人員利用這種細菌能將電子轉移到金屬表面的

[1] 一微米等於一千奈米。

特性，讓細菌從廢水中取得能量或氫氣，建造出簡單又便宜的生物電池。這種電池由可摺疊的紙張所組成，上面分別有不同塗層：第一張塗上硝酸銀，第二張塗上導電塑料，第三張則塗上冷凍乾燥的奧奈達希瓦氏菌。這個裝置靠人類唾液啟動，因其含有足夠的水分和養分能喚醒細菌使其發揮作用。最後再將這三張紙如摺紙般交疊，將細菌層置於硝酸銀陰極與陽極之間。然後，細菌會將從唾液中取得的電子轉移到硝酸銀上，電池也就能開始供電。這種方式雖然無法幫智能手機充電，但其能量足以為簡單的醫療快篩提供電力，若能在災區使用助益甚大。

而這種細菌的功能，還不僅如此。奧奈達希瓦氏菌可以產生長鏈不飽和碳氫化合物，可能是用來當作一種防凍劑，使細胞膜在冰點以下仍然可以活動。若將奧奈達希瓦氏菌與那些能進行光合作用，並能從空氣中取得二氧化碳製造糖分的細菌結合起來，便可以建造出生物反應器，由這兩種細菌一起將二氧化碳變成燃料。

Candidatus Eremiobacter
沙漠菌（暫定名）
Candidatus Dormibacter
沉睡菌（暫定名）

形狀：小桿狀
長：未知
厚：未知
前進：未知

　　乾燥寒冷的南極洲是我們這個星球上最不利生存的
地方之一，但還是有生物存在。例如在岩石中就有南極壓
縮桿菌（→118頁），地底下也有其他生物。但這些生物又
是從哪裡獲取新陳代謝所需之能量呢？

　　幾乎所有生物群落都靠所謂的初級生產者維生。初級
生產者大部分是植物，行光合作用後產生複雜的有機化合
物，提供給其他生物為食。只有少數生物群落中的初級生
產者，母須借助陽光獲得能量，其中包括深海海底生活在
黑白煙囪附近的微生物、蠕蟲、海螺。那裡的初級生產
者從化學反應過程中獲取能量，如同坎德勒氏甲烷嗜熱
菌（→88頁）。生存在遠離海底煙囪其他海底無光之處的生
物，仍是仰賴需要陽光的初級生產者維生。生活在較高充

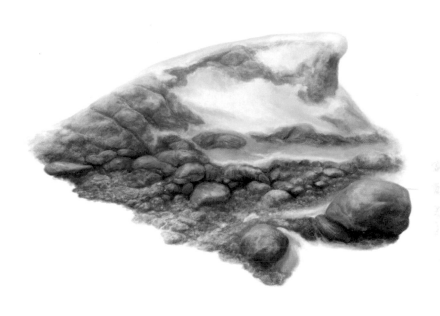

沙漠菌或稱沉睡菌（皆暫定名）（發現地點：南極／魯賓遜嶺）

滿陽光之處的生物，死後遺骸會不斷沉落底部深處，成為養分來源。

幾年前，科學家開始研究南極洲初級生產者獲取能量的管道，畢竟，那裡半年全是黑夜，而在另外半年，也有數個星期太陽不過略高於地平線。此外，那裡也沒有液態水，在所謂的極地乾谷中，濕度低到連雪和冰都無法聚集。

因此，科學家從位於南極東部海岸的「魯賓遜嶺」——一個全被岩石覆蓋的半島——地面採樣，研究生活在那裡的細菌。他們並未試圖分離培養，而是使用散彈槍定序法這種先進技術，將基因體分離後大量複製，再隨機分解成碎片，如同用霰彈槍掃射。在確定每個片段的基因序列後，利用生物資訊學技術檢查是否重疊，最後再拼組出一個盡可能沒有空缺的完整序列。打個比方，這個方法會將 shotgun-sequencing 這個字拆成 shot、otgun、gunse-qu、sequen、quenci、cing 等等之類的片段，對有足夠運算能力的現代電腦來說，這種工作如同遊戲一樣簡單。

利用這個方法，科學家共拼組出二十三種微生物的基因體。其中兩種最常出現，但尚未進一步鑑定的細菌，顯示出一種從未被觀察到的特性：它們能利用大氣中的微量氣體，將二氧化碳與水製造成碳水化合物。儘管藻類與植物也做得到，但兩者都需要陽光提供行光合作用所需的能量。還有細菌像是自產乙醇梭狀芽孢桿菌（→226頁），在高濃度的氫氣與含碳氣體下，能將之轉化成醋酸或酒精。不同之處在於，這種在南極發現的細菌似乎能利

用微量氣體，像在空氣中僅有0.000055％的氫氣，以及頂多0.000025％的一氧化碳，從中獲得製造糖分子所需的能量。其碳來源又是另一種微量氣體，也就是在地球大氣層中只占 0.041％的二氧化碳。而這種細菌沒有進行光合作用的能力。

研究人員能夠證明，上述反應過程在實驗室中也同樣發生，他們還在南極另一處名為亞當斯平原的地方發現同樣的細菌。此外，透過上述反應過程所獲得的能量，足以讓這種細菌在極地冬天仍能存活下去。很可能在其他缺乏有機含碳化合物與水的生態系統裡，細菌也會利用微量氣體來產生能量。

由於這類細菌還未能被分離培養，因此無法精確描述它的特性。科學家目前只知道，它們分屬於兩種不同屬，並建議給予 *Candidatus* Eremiobacter 和 *Candidatus* Dormibacter 這兩個暫定屬名。前者名字中的字首 Eremio 指的是細菌生長環境是沙漠，後者字首 Dormi 則是睡眠之意，意指細菌在溫度太低不利生長時，就會進入休眠狀態。

Geobacter sulfurreducens
硫還原地桿菌

形狀：小桿狀
長：2至3微米
厚：0.5微米
前進：無法活動
特別之處：不會形成孢子 [2]

　　人可以將鐵折彎、熔化、鍛造、冶煉合金，但硫還原
地桿菌能呼吸鐵。這種能還原硫的土壤細菌活在土壤或
泥濘的沉積層裡，可在毫無空氣的情況下分解有機物質。
但它無法像其他微生物在缺氧狀態下將食物發酵，硫還原
地桿菌的呼吸作用，是將養分中的電子轉移到附近的三價
鐵，也就是所謂的鐵鏽上。但它並不直接吸收氧化鐵，而
是從約有細菌一半大的鐵鏽顆粒，透過有如電纜般的線毛
將電子傳送過去。

　　線毛是長在細菌表面的毛狀結構，由單一的蛋白分子
所組成。在硫還原地桿菌上特別長，最長可達細菌體長的
二十倍。

　　二〇〇五年，美國微生物學家德里克・洛夫利首度提

[2]　不同於其他環境的細菌，土壤菌常見會形成孢子的菌種。

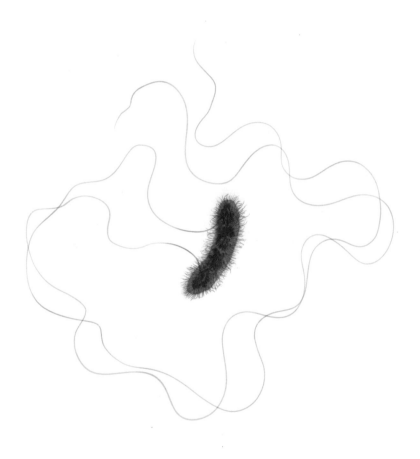

出假說，認為這種細菌可能可以利用線毛，像金屬線一樣傳導電子，不過當時有許多人不相信。

在生物學上電子的傳送通常是從一個分子跳到下一個分子。但金屬不一樣，金屬原子並不會受到單個分子的束縛，而是像河流中的水一樣自由流動，而且導電性明顯更強。因此，大部分的生物學家根本無法想像，線毛這麼簡單由蛋白分子構成的東西，怎麼可能像金屬一樣會導電。

但洛夫利認為菌毛與現代材料科技研發出來的有機金屬合成導體有相似之處，後者利用碳化合物中的芳香族（即是環狀）分子，電子在其中會像在金屬上一樣自由流動。

洛夫利團隊利用基因工程技術，在二〇一三年證實了上述假說。他們改變控制線毛的基因，以一般胺基酸取代芳香族胺基酸，如此一來並未改變線毛外形，但失去環狀芳香族組成元素，它們也就無法傳送電子。除此之外，研究人員還從一系列實驗中顯示，可以透過進一步的基因工程技術降低或增加線毛的導電性，而且這些變化基本上是由特定的胺基酸決定。[3]

如今，能導電的線毛已可特別製造出來，成為奈米電子學這種以細菌為基礎的學科中重要的一環。其他研究團隊的實驗也同樣顯示，電子還可以轉移到其他細菌身

[3] 二〇一九年有研究提出新論點，認為導電物質非芳香族胺基酸，應為 c-type cytochromes。然而，二〇二二年又有研究認為後者非此菌導電的關鍵物質。對此學界仍未有定論。

上，尤其是那些帶有磁小體的細菌，例如趨磁磁性螺旋菌（→126頁）。這些細菌會像電池一樣儲存電子，以後再拿出來使用。如此看來，微生物燃料電池似乎也可以想像，雖然產生的電力很小，但也足夠供應在土壤中或水底，專門監測環境變化的探測器用電。由於硫還原地桿菌還可以分解苯和其他芳香族碳氫化合物，因此這個細菌也適合用在清除被石油或工廠殘留物污染的土壤。

Ralstonia syzygii
丁香羅爾斯頓氏菌

形狀：兩端圓頭之小直桿
長：1至2.5微米
寬：0.5至0.6微米
出現形態：單一，成對，有時會排
成短鏈
特別之處：不會形成孢子

半導體產業最大的敵人是灰塵、頭髮、花粉及其他微粒，這些都會導致晶圓及積體電路污染，降低產品良率。當積體電路體積愈小時，這些污染所造成的問題也就愈大。

因此，半導體產業的生產必須在無塵室裡，連空氣及水都要經過過濾，員工也得穿上防護衣。在半導體工業中，水是非常重要的資源。為防止污染，每道積體電路製程都需要用水澈底清洗晶圓表面，總共需要數十道的清洗步驟。一般每月生產約四萬片晶片的工廠，每天用水量約為一千八百萬公升，其中絕大部分的水還得先加工變成超純水。這種工廠一天的用水量，相當於約六萬人的小城一整年的用水量。

二〇〇〇年，研究人員在試圖將污染降至最低時赫然發現，細菌竟然可以在生產線上存活，所有超純水的

丁香羅爾斯頓氏菌（及矽晶體）

水箱、水管、幫浦、過濾器、噴水裝置都有細菌。而且，他們發現這是土壤細菌當中的丁香羅爾斯頓氏菌（*Ralstonia syzygii*，舊名為丁香假單胞菌 *Pseudomonas syzygii*，新名縮寫則常被拼錯為 *R. syzgii*）。此種細菌顯然能安然渡過種種過濾及消毒過程存活下來，不管是紫外線探照燈或是以氮氣去除氧氣及二氧化碳等等方法。不過，若只是這樣而已，也不算太稀奇，畢竟還有其他細菌也能在超純水中活下去，像是類鼻疽伯克氏菌（→162頁）。

稀奇的是，這種菌竟然能侵入晶圓裡，與晶圓中的鍺氧化變成氧化鍺，並因此產生氫氣。由於它對晶圓原料具親合性，因此能附著於晶圓表面，且結合超純水沖洗出的雜物，形成一層保護膜，進而安然渡過腐蝕性化學藥物的清洗步驟。如此一來，這些附著矽晶微粒的地方便會變成瑕疵，造成更大的損失。

丁香羅爾斯頓氏菌的稀奇之處，是可以在半導體中分裂繁殖。顯然它可以將製造晶圓所使用的活性劑、酒精以及其他化學原料之殘留物，拿來當作養分，並同時將電子直接傳導於半導體材料上，就像電晶體一樣。

若是能將對光線敏感的細菌植入半導體裡，或是適度改變丁香羅爾斯頓氏菌，我們就可以利用光線來控制電子流的強弱，也可能可以研發出以細菌為基礎的生物電晶體。

關於丁香羅爾斯頓氏菌還有另一方面的研究。在亞洲，它是導致丁香木罹患青枯病的病原菌。此細菌會在負責輸水的植物維管束中繁殖，使葉與莖漸次枯萎，最後看

起來有如遭火焚過般乾枯而死，傳播媒介是昆蟲。

　　丁香羅爾斯頓氏菌的學名源自發現無數新細菌的美國微生物學家艾莉卡・羅爾斯頓（Ericka Ralston），種小名 *syzygii* 則來自學名為 *Syzygium aromaticum* 的丁香木。

有用的幫手
Nützliche Helfer

Lactococcus lactis
乳酸乳球菌

形狀：橢圓至圓形細胞
直徑：0.5至1.5微米
出現形態：大多成對或排列成短鏈
特別之處：不會形成孢子

　　細菌提供給人類的各項服務中，最古老的一項就是食物保存。早餐桌上的優格、麵包上的起司或火腿，還有酸菜及淋在沙拉的油醋醬，或者午餐桌上的醬油，還是下午茶配的酸種麵包，以及晚上餐桌上的啤酒或酒。上述這些食品，全都要靠細菌的配合才能出現。今日，在我們吃掉的所有食物中，約有三分之一經由釀酵製造。

　　釀酵有許多優點，食物會變得比較衛生安全，能延長保存期限，而且通常會變得更加美味可口。此外，在釀酵的過程中，還可以分解食材原有的天然毒性或難以消化的物質。

　　今日，大多數釀酵食品的製造方式，仍是數千年流傳下來的方法。許多釀酵過程都是不受外力干擾自發產生，或是透過接種方式，拿已經釀酵的成品添加在新鮮食材內繼續釀酵。這些細菌都不是培養出來的特別菌種，而是會產生突變，或受病毒感染消失，也會不斷變化的菌株。

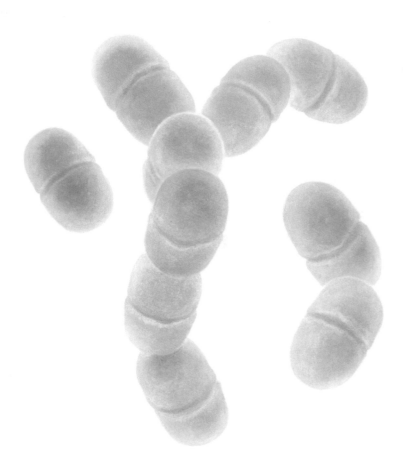

在無數的乳酸菌中，乳酸乳球菌可稱得上是代表。這種細菌生長在牛奶裡，能消化其中的乳糖，排出乳酸，導致牛奶凝結。控制醱酵過程，可以得到白脫牛乳、克菲爾酸奶、茅屋起司、斯美塔那酸奶油、夸克起司等等酸奶油製品。由於這種細菌能將凝乳與乳清分離，因此也參與了乳酪製造的初步階段。較少人知道的是，麵包烘焙及某些特殊風味的啤酒與酸漬蔬菜中，也會加入這種細菌參與作用。

自然界中乳酸乳球菌主要生長在植物上，特別是草本植物。一千多年後，這些被人類利用來幫食物加工的乳球菌，它們不少基因早已遺失或功能已被關閉，但在野生菌種裡這些基因仍然持續作用。

乳酸乳球菌是人類醫學研究上第一種用在治療上的活體基因改造細菌，專門治療克隆氏症，一種嚴重的慢性腸炎。荷蘭研究人員將一個能生產介白質 -10 這種抗發炎蛋白的基因，植入乳酸乳球菌中。二○○二年底，第一批病患服用了裝在膠囊中的細菌，膠囊保護細菌不受胃酸及膽汁侵襲，平安抵達發炎的腸道才釋出細菌。臨床研究顯示，服用後腸道果然開始生產介白質 -10。由於這種細菌缺乏繁殖所需的基因，必須依靠外界提供胸腺嘧啶或胸腺嘧啶核苷[1]維生，因此可以排除它們在自然界中傳播開來的風險。儘管治療效果並不持久，但已證明這個方法安全

[1] 皆為製造 DNA 用的原料，有了才能進行 DNA 複製長成新細胞。

且有效。目前有多項研究正在進行，皆是將生產其他具治療功能之蛋白質的乳酸乳球菌菌株，用在人體黏膜上，治療像克隆氏症、多發性硬化症、過敏、關節炎等自體免疫性疾病。這種治療方式的好處是，人類免疫系統可以容忍黏膜上的乳酸菌，因為嗜酸乳桿菌（*L. acidophilus*）原本就屬於人類皮膚微生物群之一。

　　乳酸乳球菌也被當成益生菌，用來治療腹瀉，或輔助抗生素療程時用。不過，至今尚未出現令人信服的有效治療結果。

Acetobacter aceti
醋酸桿菌

形狀：直或微彎的小桿
長：0.9至4.2微米
直徑：0.5至0.8微米
出現形態：單一，成對或成鏈
前進：使用布滿細菌表面的鞭毛

　　當酵母將糖或植物性碳水化合物釀酵成酒精時，就會出現醋酸菌。它們也存在於受損果實或花蜜中，大多藉由昆蟲傳播，並將釀酵生成的乙醇氧化成乙醛，再變成醋酸（又稱乙酸）。由於它們能固定空氣中的氮（固氮作用），供給植物所需的含氮養分，因此還會與某些草類及重要的農作物，例如鳳梨、香蕉、芒果、咖啡、茶、甘蔗等等形成共生關係。

　　人類使用醋酸菌的歷史至少有四千年，是文獻中最早提到人類使用醋的時期。在美索不達米亞和埃及，人們會將盛著葡萄酒或啤酒的容器敞開，放置數月後，可得一種酸味調味料；或者加水稀釋，就是希臘羅馬時期稱為波斯卡（*Posca*）的酸味飲料，與鹽漬豬肉及起司並列為羅馬軍團行軍時的必備伙食。醋酸菌由昆蟲（通常是果蠅）帶進容器裡，使裡面的酒逐漸變成醋。

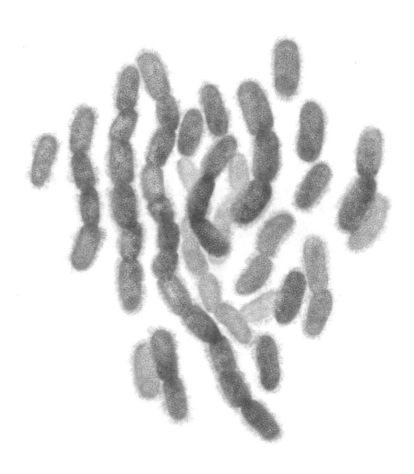

能形成食用醋的醋酸桿菌發現於一八三七年。但在當時，人們並不認為這種細菌與醋的形成有關，因醋的形成被視作是一種自發性的純化學變化。最初，醋酸桿菌被當成是種藻類，後來則被認作真菌。直到十九世紀末，人們對細菌的了解加深，而且懂得它們與藻類和酵母的區別後，才將之當成細菌看待。

法國微生物學家暨化學家路易・巴斯德在一八六四年證實，醋的形成由這種細菌造成。當時，巴斯德確信醋應該是由生物產生的變化而來，因此將覆蓋在醋上薄薄一層，被稱為醋母的物質拿來研究，並成功分離出一種在有氧狀態下能產生醋的生物。巴斯德這份研究對實用面影響重大，因為有了此知識，就能加快醋的釀造速度。

方法則是添加樹枝或木屑等物，使液體下方透氣，並不斷翻攪，細菌原本只能在液體表層接觸氧氣生長，如今在充滿空氣的液體中，還能附著在樹枝等添加物上，並因其凹凸不平的表面加大表面積，提高細菌存在密度。這種方法大大提高釀造速度，只要幾天的時間就能形成濃度高達百分之十二的醋。這種方法因細菌被束縛在載體上，所以又被稱為「束縛法」（德文 Fesselverfahren）。今日，這種方法只用在釀造品質特別優良的醋上，其餘食用醋是在生物反應器裡，透過通風及強烈攪拌的快速醋化製程，二十四小時內便可完成釀造。

醋酸桿菌對酸的容忍度非常高。一方面，這種細菌具有一個高效率的幫浦，可以將醋酸從細胞排放出去；另一

方面，這個細胞內部已經酸到會破壞酵素，細菌必須要有特別保護機制來避免酸的傷害。如何達到這些要求，是工業微生物學研究的焦點之一。這種細菌會帶來一些麻煩，如果在釀造葡萄酒和啤酒時入侵，會讓酒產生怪味。還有在製造生質酒精時，這種細菌也會在生產裝置的鋼鐵部分形成一層生物膜，並產生醋酸，造成容易鏽蝕的問題。

除此之外，醋酸桿菌也被懷疑與受損水果所產生的某些特定腐爛過程有關。不過，它對人類完全無害：至今人體發生的所有已知疾病，沒有一個是醋酸桿菌所引起。

Propionibacterium freudenreichii
費氏丙酸桿菌

形狀：呈蛋狀
長：約0.8微米
直徑：0.4微米
特別之處：不會形成孢子，適合在
無氧狀態下存活

　　喜歡吃瑞士起司的人都懂得欣賞那特有的堅果風味及微甜的口感，也都認得瑞士起司的孔洞特徵。不過，在這些瑞士起司的愛好者中，知道特殊味道及孔洞特徵是因費氏丙酸桿菌所引起的人，應該不多，知道每公克艾曼塔起司中約有十億費氏丙酸桿菌，會活生生地被吃進肚子裡的人，就更少了。

　　不同於乳酸菌，這個費氏丙酸桿菌不會將乳糖醱酵成乳酸，而是醱酵成丙酸（這也是其菌名的由來）、醋酸、二氧化碳，最後者導致起司中的孔洞。其種小名 *freuden-reichii* 則源自微生物學家艾德華・馮・費洛因德萊斯（Eduard von Freudenreich），一八五一年至一九〇六年住在瑞士，是首位研究起司製作中細菌所扮演角色的學者。最著名的是他所寫的教科書：《酪農業中的細菌學：給酪農學徒、乳酪師、農畜業者的入門指南》，原書出版於一八九三年，

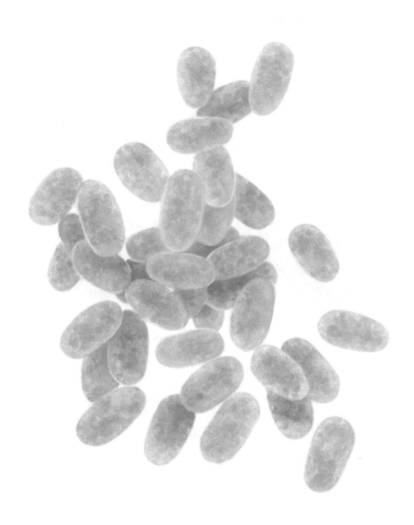

一八九四年便推出了英譯版。

費氏丙酸桿菌確保了艾曼塔起司及其他瑞士硬質乳酪的特殊風味，因它還會利用乳脂及其他微生物的代謝產物，製造出短鏈脂肪酸及酯等等物質。

生乳裡本來就有費氏丙酸桿菌，但為數不多，因此製造起司時不能單靠這些數量稀少的細菌，必須再添加培養出來的細菌進去，除了費氏丙酸桿菌，還會加入嗜熱鏈球菌（*Streptococcus thermophilus*）、瑞士乳桿菌（*Lactobacillus helveticus*）、德氏乳桿菌（*Lactobacillus delbrueckii*）。

但上述所有細菌，在經過艾曼塔起司種種製造過程，例如煮沸、酸化、攪拌、傾倒、加鹽和在不同溫度下的熟成，還能存活下來的，就只有費氏丙酸桿菌了。其他細菌會在製作過程中陸續死亡，變成費氏丙酸桿菌的食物。

一份傳統的艾曼塔起司大約含三百億的費氏丙酸桿菌，這些活菌被吃下肚後，對人體有什麼影響，也有詳細的研究報告。結果是找不到它對腸道及腸道菌叢有任何不好的影響，相反的，費氏丙酸桿菌似乎有助於良好腸道菌叢的穩定，減少腸道發炎機會，而且還可能提供種程度的保護，避免罹患大腸癌。因此市售的益生菌保健食品之中，也有費氏丙酸桿菌。

除了乳酪之外，維生素 B12 的製造也會使用費氏丙酸桿菌，不過使用的是經過基因改造過的菌株，產量會比原始天然細菌多上好幾倍。從前，維生素 B12 的製造要經過七十餘種的化學合成步驟，如今已被費氏丙酸桿菌取代。

維生素B12對造血及神經系統非常重要，主要存在於動物性食品之中。

Bradyrhizobium japonicum
日本慢生根瘤菌 [2]

形狀：小桿狀
長：約 1.2 至 3.0 微米
直徑：0.5 至 0.9 微米
前進：使用同一端長出的一根粗鞭
毛及幾根細鞭毛
出現形態：也會與綠豆、豇豆及某
種菜豆共生

　　日本慢生根瘤菌，這種生長緩慢的大豆根瘤菌，可說
是農業中最重要的細菌，但大部分的人可能都不認識它。
這菌和大豆這種提供數百萬人營養基礎的農作物共生，提
供大豆它從空氣中取得的氮化合物 [3]，大豆則回報它養分
及提供保護。

　　這樣的生物群落發生在所謂的根瘤上。根瘤是細菌與
植物間複雜的相互作用所形成，類似的形式也發生在例如
豌豆、小扁豆、羽扇豆、花生等其他豆科植物中，它們也
都與特定的根瘤菌形成共生關係。除了植物之外，這些細

[2] 另有中譯「大豆慢生根瘤菌」，然而此菌非大豆專屬，故本書採拉丁文
字面意譯。

[3] 固氮菌將氮氣以固氮作用轉成氨，製成胺基酸後提供給植物使用。

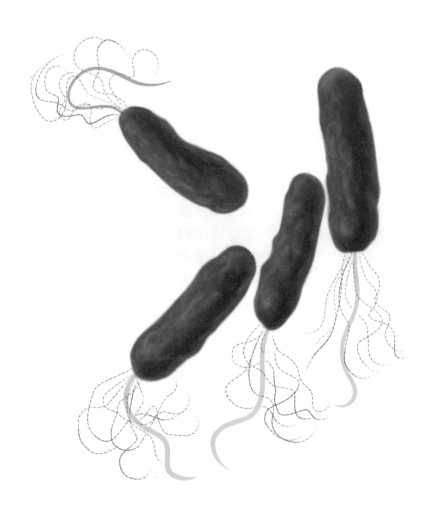

菌也會出現在土壤裡，在土壤裡它們可以存活數十年，但繁殖速度相當緩慢。

　　根瘤的形成由大豆透過根部釋放的黃酮類化合物啟動。黃酮類化合物包括像是甜菜根、紅葡萄、胡蘿蔔、蘋果等等植物顏色由來的植物色素。根部釋放的黃酮類化合物能吸引具移動能力的日本慢生根瘤菌前來，它們到了之後會對植物釋放一種分子，導致植物長出球狀的瘤。一開始，根毛會變得彎曲，細菌附著於上後，在植物細胞內形成感染管，透過感染管經過根毛，侵入根的表皮組織，並被植物細胞收納。最後植物長出一個球狀瘤，瘤的細胞裡面滿滿全是細菌。這些類菌體[4]和裡面所包含的細菌一樣，都不具分裂繁殖的能力。但它們能持續數月製造出大量的水溶性含氮化合物當養分，根瘤內的細菌數可高達百萬。

　　在類菌體裡日本慢生根瘤菌的代謝會發生變化，開始從空氣中攝取氮元素還原成銨並將其排出。此過程所需的酵素，也就是固氮酶，只有在氧氣濃度低的情況下才能正常發揮作用。因此，植物會透過一種類似人體血紅素的色素，抓走控制類菌體附近的氧氣濃度，同時會提供細菌足夠養分。日本慢生根瘤菌只有在類菌體內才具有固氮的能力，在野外獨活時無此種能力。

　　若大豆植株死亡，裡面的細菌會被釋放出來，同時恢

[4] 類菌體為裡面住了細菌的植物根部細胞。

復分裂繁殖能力。

　　根瘤菌在農業經濟上意義相當重大。植物無法利用大氣中的氮氣，依賴可溶性氮化物如銨或硝酸鹽為生，想提高農作物產量就必須使用化學肥料或有機氮肥。只有豆科植物不一樣，它們有根瘤細菌提供氮。據估計，這種細菌每年每一公頃面積可從大氣裡轉化二百至三百公斤的氮。全球總計共轉化了四千四百萬至六千六百萬噸大氣中的氮，幾乎是所有農業用肥料中氮含量的一半。由於它們製造的氮化合物大於植物用掉的量，因此這些菌體裡的養分就會留在土壤裡成為養分。豆科植物常常在休耕期種植當作綠肥，用來增加土壤裡的養分，以節省化學肥料的施用。有時在種植時還會在土壤中額外加入更多的根瘤菌。

　　若能提高根瘤形成和固氮作用的效率，或者將其轉移到其他農作物上，就可以減少使用肥料，而且就算是貧瘠的土壤也能使農作物產量大為提高。不過，要達到這個目標還需要更多的研究。迄今已確認十六個基因與豆科植物根瘤的形成有關。

Bacillus thuringiensis
蘇力桿菌[5]

形狀：小桿狀
長：約2至5微米
直徑：1微米

　　蘇力桿菌（常縮寫成Bt）生長在植物根部或附近的土壤中，對昆蟲來說是相當致命的病原體。約一百多年前，這種細菌分別在日本及德國圖林根（Thüringen）被發現。當時，日本微生物學家石渡繁胤正在研究，經濟價值極高的蠶為何會突然死亡；德國細菌學家恩斯特・柏林納則在研究地中海粉斑螟猝死的原因，兩人發現了同一種生物。但由於日文名字Sottokin（猝死菌之意）不符合國際命名法，而且石渡繁胤並未證實這個細菌是引起蠶猝死的原因，因此 *Bacillus thuringiensis*（「來自圖林根的桿菌」之意）便成了它的正式名稱。而此種細菌帶給全球農業的影響，也絕非其他細菌所能相比。

　　蘇力桿菌有許多不同的亞種，所有亞種都有一個共同點，就是都會分泌特別的毒素，而且這些毒素都只對特定

[5]　蘇力為音譯，亦有人譯為蘇雲金芽孢桿菌。

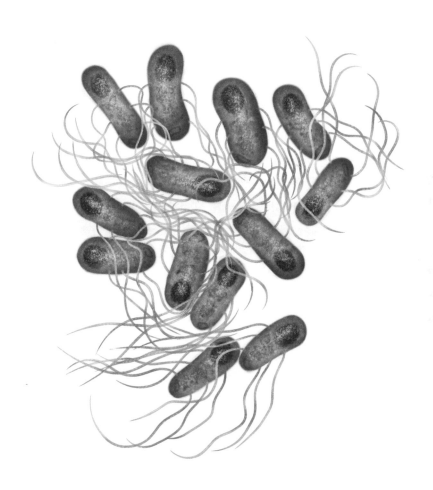

的昆蟲有效，裡頭有不少是重要作物的害蟲。通常毒素只對單一或少數幾種昆蟲有毒，對其他昆蟲沒什麼影響。這種細菌在土壤中為何會伴著植物根部生長，原因目前還不清楚，但它們似乎能保護其根部不受害蟲侵犯。

那些被昆蟲跟著食物吃下去的毒素其實是蛋白質，當細菌形成內孢子後，這些蛋白質會在內部變成晶體沉積，而且只有在鹼性環境下才會溶解。昆蟲不像人類，具有酸性消化器官，牠們的腸道環境呈鹼性。在毛毛蟲將乾到休眠的細菌隨著食物吃下去後，晶體就會在它們的腸道裡被溶解並吸收，變成毒素攻擊昆蟲腸道細胞。這些毒素會使細胞壁穿孔，滲漏出水分、鹽分以及細胞組成元素，導致細胞快速溶解，跟體液及腸道內容物混在一起，腸道功能盡失。這時神經功能失調的昆蟲先是癱瘓，數小時或數天後就會死亡，然後被蘇力桿菌消化殆盡。

由於蘇力桿菌對特定的昆蟲殺傷力極強，因此在一九二〇年代就被用來當殺蟲劑。一九三八年，第一個含有蘇力桿菌孢子和毒素晶體的 Bt 殺蟲劑品牌──斯波因（Sporeine）正式在法國推出。對有機農業而言，蘇力桿菌尤為重要，因它是少數獲准使用在有機農業上的殺蟲劑。蘇力桿菌也會灑在水面上用於消滅蚊子及其他吸血昆蟲的幼蟲，但若灑在植物上，孢子和含有毒性的晶體容易被雨水沖走，或因陽光而失去作用，而且那些啃食植物根部或其他非外顯處的昆蟲吃不到。

早在三十年前，研究人員已經成功分離出負責生產這

些特定毒素的基因，並將它們整合進玉米、棉花、大豆、茄子等植物中。這些所謂的 Bt 植物會在它們的細胞中產生針對個別害蟲的特定毒素，這些毒素只會損害以植物為食的昆蟲，例如歐洲玉米螟或茄螟蛾，而且就像 Bt 噴劑一樣，對人類和牲畜都不具毒性。全球 Bt 植物種植歷史已超過二十餘年，化學殺蟲劑的使用量也因此大為減少。僅就美國而言，單單玉米作物就可少用六千四百噸的殺蟲劑，在棉花田上少用更多。以茄子為主食的孟加拉，用此方法後，也不再像從前每週必須噴灑數次，甚至一天兩次那些格外有害的廣效性殺蟲劑了。

種植這些 Bt 植物還有一個有目共睹的副加成效：附近其他一般傳統農作產品的蟲害壓力也會因此降低，收成增加，而且那些專門生長在昆蟲啃食之處的黴菌，所釋放出來的毒素污染，也減少了至少百分之三十至五十。

Acidithiobacillus ferrooxidans
氧化亞鐵嗜酸硫桿菌

長：1 微米
直徑：約 0.5 微米
前進：透過一根長於一端的鞭毛活動

　　紅酒河是一條縱貫西班牙安達魯西亞的河流，河水因溶於其中的鐵離子與銅離子而呈紅色。好幾百年來，這條河都被認為是條死河[6]：河水不能飲用，裡面也沒有魚。河流上游因火山活動藏有豐富的鐵礦與銅礦，考古學中發現，早在羅馬時期就有人來此地開採這些金屬礦了。

　　應該也是羅馬人最先發現這個特殊的現象：若將鐵金屬放進酸味強烈的水中，鐵會溶解，銅因而分離出來，此法今日化學家稱之為澱置法（cementation）。從水槽遺址底部及壁面的銅金屬殘留物來看，我們得知羅馬人已懂得使用。

　　如今，我們知道河流變成紅色的原因在於細菌。其中最重要就是氧化亞鐵嗜酸硫桿菌，細菌中的冶金專家。今日，人們除了在金屬提煉技術之外，也在整治被重金屬汙

---

[6]　金屬離子濃度過高，對生物有毒，所以動植物難以生存。

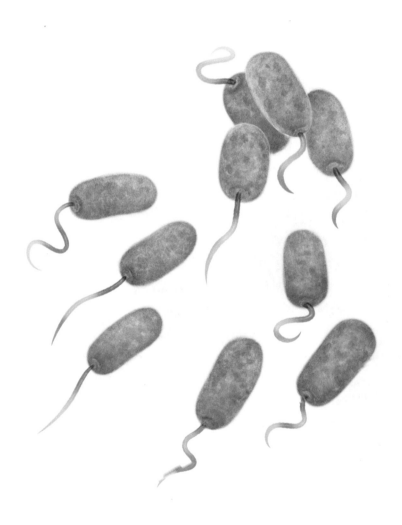

染的土壤時使用這種細菌。在自然界中，這種細菌生長於鐵礦礦床中，特別是在富含黃鐵礦這種又被稱為硫鐵礦或愚人金的岩石中，化學上屬於二硫化亞鐵。

這種能將鐵氧化的硫酸桿菌會利用黃鐵礦，並在轉化的過程中形成硫酸鐵、具腐蝕性的亞硫酸，以及硫酸，後者能溶出附近礦物質裡的其他金屬元素。這種細菌如其名所示，可以在自己創造出來，酸鹼值一到二的強酸環境中生存。除了這條河流，在一些從礦坑流出，所謂的酸礦排水[7]中，也都有它們的蹤跡。

酸礦排水的成因長久以來都是個謎。直到一九四九年，美國細菌學家肯尼斯‧L‧坦普勒及亞瑟‧羅素‧柯梅爾研究蒙大拿煤礦的酸礦排水後，首度提出細菌造成強酸水質的說法。一九五一年，他們成功分離鑑識出這種被他們命名為氧化亞鐵硫桿菌 *Thiobacillus ferrooxidans* 的細菌。二〇〇〇年，因分子遺傳學的進展，硫桿菌屬細菌重新分類及再細分，這種細菌就被納入新建的嗜酸硫桿菌屬之中。

這種細菌的發現帶來重大的經濟意義，氧化亞鐵嗜酸硫桿菌馬上被使用在生物瀝取或生物採礦的標準程序中——將大量含有礦物質和鐵的碎石堆積成排並灑上水，碎石陣列最大可達長五公里，寬二公里，高一百多公尺，可說是全世界最大的生物反應器。其中氧化亞鐵嗜酸硫桿

[7] acid mine drainage，開挖中或已報廢礦坑的酸性排水，特徵是含高濃度鐵和硫酸鹽，與空氣接觸及中和後產生黃褐色氫氧化鐵懸浮膠體。

菌與其他具有相似特性的細菌和古細菌一起在石塊上形成生物膜。細菌產生的酸溶出極具利用價值的金屬，從底部隨水排出。這些滲透出來的水會回收再利用，不斷噴灑於上，直到排出的水中金屬含量高到足以進行化學分離為止。

多虧細菌，從此劣質礦床也可採獲金屬[8]。今日全球約四分之一的銅產量[9]，超過五分之一的黃金產量，以及大約百分之三的鎳和鈷產量，全是使用生物技術採獲。還有鈾礦，也是使用這種方式從礦石中溶出。

若能保證生物採礦過程中所使用的水能完全回收，剩下唯一的環保問題就是如何處理過量的酸性工業用水，如何清除其中的重金屬並中和水質。相較而言，這個方法比傳統的高爐冶煉更加環保。

[8] 礦床金屬含量太低時，開採不符成本。但利用細菌溶出金屬的成本很低，所以成為開採的新方法。

[9] 另有資料指生物採礦的銅產量占比為15-20%（出處 https://academic.oup.com/femsec/article/97/2/fiaa249/6021318）。

Bacillus cohnii
科氏芽孢桿菌

形狀：圓
直徑：0.6至0.7微米
前進：使用布滿細胞表面的鞭毛

　　細菌不僅可以用於生產食物或提煉金屬，還可以用來建造橋樑和房屋。

　　例如科氏芽孢桿菌，這是一種一點都不起眼，但會產生石灰的細菌。它喜歡鹼性的生活環境，像是酸鹼值可達八的馬糞裡。但它也生活在鹼性更強的環境，全世界都有其蹤跡，甚至在歐洲、非洲、南美、土耳其的鹼湖裡，它會利用溶在湖裡的碳酸鹽產生石灰。此細菌最初是在一九九〇年代初期，德國微生物及細胞培養保藏中心的細菌學家在尋找偏好鹼性環境的新菌種時所發現，當時的土壤樣本來自一個鹼性土壤的牧場，裡面還殘留著馬糞。

　　科氏芽孢桿菌除了能夠忍受酸鹼值超過十二的強鹼，相當於氣味刺鼻的氨水的酸鹼值，還能形成孢子渡過長時間的乾旱期。細菌孢子的特性是具有極強的抵抗力，可以存活數十年或數百年，在特定的條件下甚至超過數百萬年（球形離胺酸芽孢桿菌（→78頁）還有發芽的能力。科氏芽

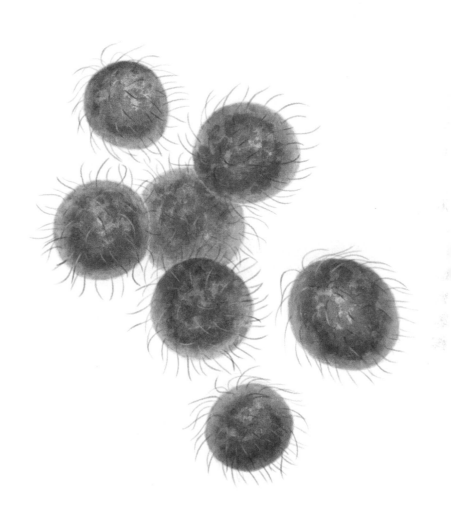

孢桿菌的名字源自於德國細菌學家費迪南・尤利烏斯・科恩（Ferdinand Julius Cohn），細菌學的奠基者，也是一八七二年第一個鑑識出芽孢桿菌屬這種小桿形細菌的學者。

科氏芽孢桿菌能生活在鹼性環境中，能產生石灰，孢子經過長時間還具有發芽能力。結合這三種特性，令建築業對之產生興趣。一位荷蘭微生物學家專門研究會產生石灰的細菌，並嘗試研發出一種能自行修復的混凝土。

他的做法是將細菌孢子與銨鹽、磷酸鹽及養分混合在一起，封裝於黏土球裡，然後將這粒只有幾公厘大小的顆粒加入強鹼性的混凝土中。混凝土硬化後若一直保持緊密，便無事發生。但如果出現裂縫，開始長時間滲水，細菌孢子就會開始萌發。當細菌繁殖分裂，會消耗添加進去的物質，並不斷產生碳酸鈣填補裂縫。一道幾公釐寬的裂縫，只需數天時間即可修補完畢。

如此一來，科氏芽孢桿菌就可以解決混凝土結構出現裂縫的難題，否則定期必須進行的繁複維修，造成的損失可高達數十億歐元。除此之外，此細菌也能用在保護現存的建築物，在噴塗混凝土或修復液中皆已測試添加此細菌，用在已出現細微裂縫的建築構件上。

不過，此項產品至今尚未成熟，黏土顆粒仍然占據太多空間，進而影響混凝土的穩定性。還有載體材質、養分及混凝土之間的交互作用，以及孢子平均分布與釋放，與石灰形成的速度及過程等等，都還在改良中。如今，研究人員也測試其他能形成石灰的細菌是否適用。不過無論如

何，科氏芽孢桿菌可說是混凝土生物修復劑的先鋒。

　　科氏芽孢桿菌這類會產生石灰的細菌，現在也運用在其他目的上。一家德國公司利用它來黏走採礦產生的灰塵。方法是將細菌加入培養液裡，灑在布滿灰塵的泥土上，六至四十八小時內就會產生石灰，將灰塵顆粒黏在一起形成砂岩，即固化灰塵。從前為了抑制灰塵，礦業公司必須使用大量的水，如今，藉由細菌的幫忙，就可以省下這些水了。

Cytophaga hutchinsonii
哈氏噬細胞菌

形狀：小桿狀且能變形
長：2至10微米
寬：0.3至0.5微米

　　纖維素可能是世界上最常見的有機分子，但出人意料之外的是，除了少數白蟻、蝸牛、貝類之外，其他動物都沒有分解纖維素的酵素。更令人訝異的是，纖維素其實與澱粉一樣，都由葡萄糖單元所組成。唯一的差別只在兩個分子間連結排列方式不同。動物需要微生物的幫忙，才能切斷這個連結，使纖維素轉化成糖以便消化吸收。像牛這類反芻動物有一個特殊的胃，存在其中的厭氧微生物可以分解纖維素，人體腸道菌叢某些細菌也能分解纖維素。

　　纖維素分子的結構是沒有分支的長鏈，其組成基本單位纖維雙醣的數目可高達數萬，而纖維雙醣本身又是由兩個葡萄糖分子連結形成。因此對細菌來說，纖維素也是很難消化的分子，而那些能夠消化纖維素的微生物，也大半在細胞外進行。這些細菌會分泌大量酵素，並將體內百分之四十的蛋白質含量釋放出來。由於是在細胞外消化纖維素，因此會為周遭環境帶來大量的糖，這樣的過程可說是

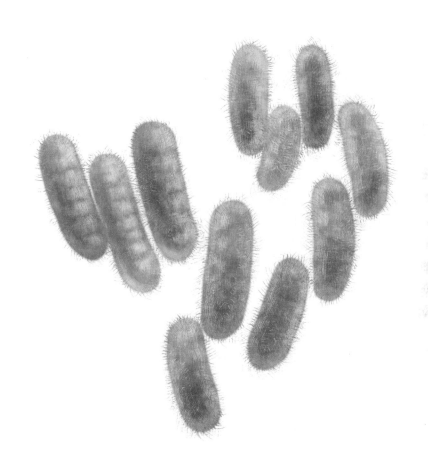

相當「無私」。

　　不過，哈氏噬細胞菌就完全不一樣了。哈氏噬細胞菌的種小名 *hutchinsonii* 是向亨利‧布魯漢‧哈欽森（Henry Brougham Hutchinson）致敬，他在一九一九年，首度鑑識出這種細菌。由於此細菌在顯微鏡底下顯示出螺旋菌特有的螺旋狀，因此被分類在螺旋菌屬。當時哈欽森為了觀察而將細菌乾燥，結果細胞捲了起來，與一九三〇年波蘭微生物學家海倫娜‧克爾澤米涅斯卡的發現相同。在後者發現此現象的前一年，在巴黎巴斯德研究院工作的俄國微生物學家瑟基‧尼古拉耶維奇‧溫諾格列斯基，也得出同樣的結論。因此他建議給這個細菌創立新屬名噬細胞菌 *Cytophaga*，種小名為哈欽森氏 *hutchinsonii*。

　　哈氏噬細胞菌最特別的地方，就是擁有消化纖維素分子的獨特能力。

　　此種細菌表面有可連結纖維素的蛋白質，以及能切斷纖維素分子的酵素。纖維素穩固的結晶結構中最不穩定的地方在長鏈的末端，這些酵素會從這裡下手切斷。截斷後的纖維素末端由細胞表面的通道送進細菌的細胞膜與外膜之間，然後再被分解。因此，不會在附近環境釋放出糖——哈氏噬細胞菌很自私，但也非常有效率。

　　在潮濕的濾紙上，這種細菌無需其他條件就能生存。但它必須與食物緊密接觸，因而會以一種至今仍未知的控制機制，自行滑行到食物上。這種神祕的滑行機制，使哈氏噬細胞菌能在平滑的玻璃片上達到每秒五微米的速度

——雖然普通蝸牛的移動速度要比這快上一百倍，但對細菌來說很快了。有時，它們會突然一個大迴轉，或者突然以相當可觀的速度打轉起來：每秒兩圈。

為何會如此，至今仍是個未解之謎。這個細胞表面覆蓋著能滾動的蛋白分子，排列有如坦克車履帶或輸送帶一樣，而且可以收縮伸張。除此之外還有細微的線毛，可能用來（或至少能幫忙）附著在物體表面，又或者可以幫忙偵測纖維素最容易消化的地方，也可能是幫忙將消化殘留物運送至能再進一步消化之處。

能消化纖維素的消化酵素稱為纖維素酶，使用在工業、農業、廢水處理上已有數十年歷史。除此之外哈氏噬細胞菌還有另一個可能帶來巨大商機的潛力：既然它能有效拆解堅韌的纖維素，或許可以提高廢棄木材、舊紙、植物垃圾轉化為糖或酒精的效率，如此一來，生質燃料就不需再從澱粉生產了。

Clostridium autoethanogenum
自產乙醇梭狀芽孢桿菌

形狀：兩端尖細之梭形小桿狀
長：2.1至9.1微米
寬：0.5至0.6微米
前進：有無數鞭毛
特別之處：無法忍受氧氣

　　燃料不僅可從玉米這種能源作物的澱粉，或是從植物及紙張垃圾中取得，還可以直接從廢氣產生。少數微生物具有將廢氣變成酒精的能力，好比說自產乙醇梭狀芽孢桿菌，這種比利時研究人員一九四四年從兔子糞便中分離出來的細菌。

　　對能利用碳氧化物的細菌來說，兔子糞便是很好的能量來源。兔子的消化系統非常特別，牠們的腸道很小，肌肉不多，因此必須不斷進食，讓新的食物將腸子裡先前的食物糊往下推進。另一個特殊之處是，盲腸才是兔子主要的消化器官，食物會被在那裡的細菌分解。由於分解速度不夠快，因此兔子會將才剛開始消化的養分排出體外，也就是所謂的「盲腸便」，過一會兒再吃回去。食物分解時會產生大量的一氧化碳及二氧化碳，但這些氣體幾乎無法從盲腸排出，於是又會被其他細菌拿去利用。因此，當比

利時研究人員在尋找能利用氣體的新細菌時，就已經知道可以從兔子腸道裡找能將二氧化碳轉化為醋酸的細菌了。

自產乙醇梭狀芽孢桿菌可將氫氣、一氧化碳、二氧化碳三者混合，當成能量及碳的來源。它們利用氫氣來還原二氧化碳，然後產生醋酸、酒精和一些副產品。這種細菌生活在水底泥濘的沉積層裡。這類環境沒有空氣，四周全是死去動植物的殘骸，或排泄物等等有機物，有待最後的分解。這些有機物被靠這些物質生活的微生物吸收消化後，沒用到的部分又變成排泄物，又會有另一些微生物拿來利用，等這一切都完畢後，所有複雜的有機物都會消失，只剩下氫氣、一氧化碳、二氧化碳等氣體。這些混和氣體，只有少數的細菌與古菌能拿來維生。

自產乙醇梭狀芽孢桿菌屬於梭狀芽孢桿菌屬（*Clostridium*，本意為小梭），因無需有機碳便能自行生產酒精（乙醇），因此有了自產乙醇的種小名 *autoethanogenum*。

自產乙醇梭狀芽孢桿菌與其他少數能利用一氧化碳或二氧化碳的細菌與古菌，因可用來從工業廢氣中生產燃料，成為學界研究焦點。一家位於伊利諾伊州生物科技公司的研究人員，便成功解析出細菌代謝途徑的每個步驟，並在關掉某個基因功能後，酒精生產效率提高了百分之一百八十。

二〇一八年五月，設於中國一座鋼鐵廠區內的裝置開始運作，到了二〇一九年中，這個裝置裡的細菌利用廢氣生產出三千六百萬公升的酒精，每年生產能量可達七千二

百萬公升。二〇一八年十月，這種由細菌從鋼鐵廠廢氣生產出來的乙醇，首度使用於橫跨大西洋定期航班飛機燃料之中。鋼鐵工業每年所排放出來的廢氣，大約占所有工業二氧化碳廢氣排放量的四分之一，可以用於好比生產出航空燃料一年所需的百分之二十左右。

　　如今德國也有類似的計畫。若能將利用糖生產乙醇汽油所產生的二氧化碳拿來再利用，就可以改善生產生物燃料對氣候造成的影響，已有工廠開始利用細菌，將溫室氣體轉化為二羧酸，一種生產聚酯纖維及俗稱尼龍的聚醯胺纖維等塑膠的基本材料。此外還可以利用其他細菌，將二羧酸再進一步轉化成更多複雜的化合物。

　　以煤炭為燃料的火力發電廠所排放的強酸性廢氣，也因此可以用於化學原料的生產上。對工業界來說，這種做法在降低二氧化碳排放量上具極大的發展潛力。

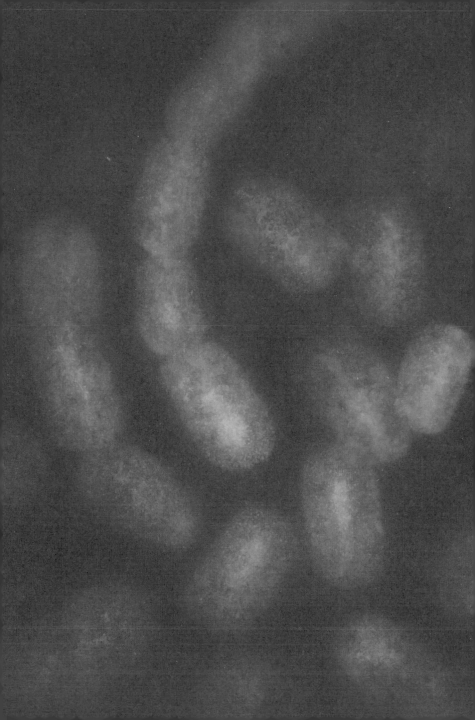

可怕的威脅
Bedrohungen

Bacillus anthracis
炭疽桿菌

形狀：小桿狀
長：可達10微米
厚：1微米
孢子：大小約為1×2微米
出現形態：在受感染生物的血液中
會由六至八個細胞排列成鏈

　　細菌不僅生長在人類生活環境裡，也生長在人類體內。有些細菌對人無害，有些甚至有利，但有些卻會帶來致命的危險。

　　細菌給人帶來恩賜，同時也帶來詛咒，就像炭疽桿菌：二○○一年美國九一一恐攻事件發生後沒幾週，就又有人把裝有炭疽桿菌孢子的信件寄給多家美國新聞媒體以及參議員，五人因此喪生。

　　炭疽桿菌與蘇力桿菌（→210頁）的親緣關係非常親近，親近到科學家一直為了二者到底是不是同種細菌而爭辯不休。兩者之間最明顯的區別就在兩種細菌的質體上，質體是獨立於細菌基因體之外的環狀DNA片段，而且不同菌種之間會互相交換質體。蘇力桿菌載有Bt毒素基因的質體，炭疽桿菌則有兩個質體，質體上的基因負責製造

炭疽桿菌（及孢子）

炭疽毒素的三個蛋白質零件。為何這兩種細菌的質體從未彼此交換，原因不明。

蘇力桿菌對昆蟲具有致命的威脅，炭疽桿菌則是炭疽病的病原菌。炭疽病是一種嚴重且常致命的疾病，當放牧於外的牛隻，吃下帶有細菌孢子的食物或水，便會發病。由於炭疽病不僅經由動物屍體，還可以透過肉、羊毛、皮革、骨頭等等傳染給人類，因此如果動物產品的處理不夠衛生，或獸醫監督不足時，就很容易發生感染。數百年來，炭疽病都是港口工人、羊毛及皮革製造業工人的典型職業病。即使到了今日，還是偶爾會出現職業性感染。二〇一〇年，倫敦一位三十五歲的民俗音樂家，自行用進口獸皮製做皮鼓，感染炭疽病而死。除此之外，也曾發生吸食受感染的海洛因而感染炭疽病的例子。

隨傳染途徑不同，皮膚、腸道、肺部都可能發生炭疽病。有時還會引發併發症，例如炭疽性腦膜炎，一種非常嚴重的腦膜炎。由於只有孢子具有傳染性，因此這個病不會人傳人。炭疽病初期可用抗生素治療，但如果細菌潛伏在體內已有時日，其毒素會對人體造成無法彌補的傷害。因此發生於腸道及肺部的炭疽病死亡率高達百分之四十及百分之四十五。

炭疽孢子會被免疫細胞吸收，並在這些細胞內萌發。釋放出來的細菌會產生三種蛋白質的混合物，形成毒素，並開始進行破壞工作。

二十世紀最大的一場炭疽病感染發生在一九七九年

的蘇聯，肇因於葉卡捷琳堡附近的祕密軍工廠斯維爾德洛夫斯克十九號的生產意外事故。這座工廠違背一九七二年協議、一九七五年頒訂的《國際生物武器公約》，祕密生產炭疽孢子，乾燥並磨成粉末以便噴灑。只要吸入三千至九千個孢子，就會造成肺部感染。

一九七九年四月二日，該廠在更換空氣過濾器時發生錯誤，導致重約一公克的炭疽孢子（約一百四十億個）從生產設備中洩漏出來而造成感染，至少一百人因此死亡。數十年來蘇聯政府堅決否認肇事原因，一直宣稱該地肉品受到感染才會爆發炭疽病。

炭疽孢子能對抗高溫、紫外線輻射，甚至是具腐蝕性的化學物質。它們甚至可以在皮革的鞣製及防腐藥劑環境中存活七十餘年，若在土壤裡可能還可以超過百年。因此，直到今日，皮革工廠的舊址還被視為炭疽的可能感染區域。出於相同的理由，炭疽孢子也特別適合拿來當成生物武器。而且這種細菌本就生長於自然界的土壤裡，非常容易取得。因此，偶爾還是會發生以炭疽孢子為武器的暗殺攻擊事件。

Yersinia pestis
鼠疫桿菌

形狀：小短桿狀
長：1至1.3微米
寬：0.5至0.8微米
前進：無法活動
特別之處：溫度升至37°C時細菌就
會被膠囊包覆

　　鼠疫桿菌是引發人類歷史所知最大一場瘟疫的疫情
細菌。十四世紀的歐洲，約有百分之三十至五十的人死於
這場瘟疫。同樣的疾病之前也發生過，在東羅馬帝國查士
丁尼皇帝在位時，西元五四一至七七〇年左右，這個傳染
病在歐洲和西亞地區肆虐，死亡人數不詳。為何此種瘟疫
在幾百年後再次捲土重來，原因並不清楚。至於鼠疫在近
現代銷聲匿跡的原因並不是因為衛生條件改善，而是因為
黑鼠（*Rattus rattus*）逐漸為褐鼠（*Rattus norvegicus*）取代，後
者雖然也會傳播鼠疫，但並不喜歡待在人類附近。

　　鼠疫桿菌的學名 *Yersinia pestis* 源自瑞士醫生亞歷山
大・耶爾辛（Alexandre Yersin），一八九四年他在研究發生
於香港的瘟疫時，從死去病患的淋巴腺腫發現這種細菌。
當時他在法國巴斯德研究所擔任船醫和研究人員，香港爆

發瘟疫時人正好在南海，法國政府便委託他去中國，調查這場瘟疫的病因。

也算他幸運，英國殖民政府出於政治理由處處刁難他的研究工作，迫使他轉往較為偏僻，沒有培養箱設備的醫療站。如今我們知道，這種細菌偏好較低的溫度，在一般培養箱的溫度下很難在培養基中生長繁殖。耶爾辛用來培養此細菌的洋菜培養基，就只能放在明顯溫度較低的室溫下，細菌因而快速繁殖。正因如此，耶爾辛才能在日本細菌學家北里柴三郎前發現細菌。後者當時也在香港研究病因，卻一直無法在培養箱中順利培養出細菌。

感染鼠疫桿菌的通常是老鼠及其他囓齒動物，傳染媒介則是跳蚤，尤其是印度鼠蚤。傳染的過程中愈來愈多的老鼠死亡，到最後每隻老鼠身上大約有五十至一百隻跳蚤。若老鼠大量減少，跳蚤找不到宿主時，便會開始尋找其他受害者，例如人類。從鼠群的第一隻老鼠受到感染，到第一個人因此死亡，時間大約是二十至二十八天。

一旦細菌隨著感染者的血液被吸入跳蚤腸子裡，開始繁殖成團。三百隻細菌可以在三至九天內變成兩萬隻細菌。這坨細菌團塊會堵塞跳蚤的前腸，使得牠將吸入的血又吐出來，細菌便隨血液進入傷口裡。

當人類被受感染的跳蚤叮咬，細菌會透過淋巴系統，從叮咬處轉移至附近的淋巴結中，在那裡生長繁殖。

在人體溫度攝氏三十七度下，鼠疫桿菌週遭會出現一個由外套蛋白組成的保護莢膜，讓細菌不受免疫系統的攻

擊。但首批侵入生物的細菌，並沒有這種保護。直到前幾年，人們才知道原來這種細菌會形成所謂鼠疫菌外膜蛋白（Yersinia outer proteins，縮寫為YOPs），並透過像是針管的構造來入侵感染生物的細胞[1]，這種注射針管只有百萬分之六十公釐，突出於細菌之外。YOPs會讓受感染的細胞以自身將細菌包裹住，最後變得像保護罩一樣。除此之外，鼠疫桿菌還會產生抑制免疫系統運作的物質，分泌損害肺及肝臟的毒素。

感染後病患短短幾天內就會出現明顯的腫脹，也就是所謂的鼠疫腫塊。其他症狀包括頭痛、全身酸痛、發燒、嘔吐、神經疾病，最後因心肺系統衰竭而死。疾病死亡率超過百分之五十，若以抗生素治療則為百分之十至十五。若病原體透過飛沫感染進入肺部，就會變成肺鼠疫，病情也會更加嚴重。首先是呼吸困難，嘴唇發紫，咳出黑色帶血的痰。這會導致肺水腫及循環系統衰竭，二至五天內就會死亡。這種形式的鼠疫很容易人傳人。

若細菌大量進入血液循環系統，病情發展就會更快，會出現敗血性休克，器官衰竭，血管內血液凝固。患者皮膚呈深紫色，這也是「黑死病」一詞的由來。若無治療，這種病的死亡率高達百分之百，而且患者發病的當天就會死亡。

這種細菌非常頑強，可以在地上存活七個月，在衣服

[1] 細菌用這種小注射針把一些特殊蛋白質打進動物細胞來控制它，讓自己可以進入細胞。

上五至六個月，不過日照會使它停止運作。

　　鼠疫至今仍未消失，目前在非洲（例如烏干達、馬達加斯加或剛果民主共和國）、美洲和亞洲時有地區性感染發生，歐洲和澳洲則沒有傳染區域。目前為止尚未有核准疫苗上市。

　　令人不安的是，早在中世紀時，鼠疫就被拿來當作生物武器。當時人們以投石機將死於鼠疫的屍體，越過城牆擲入敵人的城市或城堡內。二次大戰時，日本軍隊以鼠疫菌作實驗，最後用飛機在滿州國灑下大量受鼠疫感染的跳蚤。雖然只引發小規模的感染，但在人民之間造成很大的恐慌。蘇聯甚至在一九八〇年代末期，違反《生物武器公約》，使用基因工程技術，製造出所有抗生素都無效的鼠疫菌菌株。鼠疫桿菌「適合」作為生物武器的原因，在於傳染性極強，潛伏期又短，人民又不具天然免疫力，而且診斷困難。再加上鼠疫細菌很容易以氣膠形式噴灑，只要吸入一百至五百個菌體，就可能導致肺鼠疫。

　　然而反過來想，YOPs及鼠疫菌所具有的注射機制是一種既自然且有效的系統，可輕鬆地將抑制發炎的藥劑送進細胞裡，因此對人類也可能有大用。

Listeria monocytogenes
單核細胞增多性李斯特菌

形狀：小桿狀
長：1至2微米
直徑：0.4至0.5微米
前進：表面有無數鞭毛
特別之處：不會形成孢子

　　許多國家禁止販售未經高溫消毒的牛奶，以及熟成時間不到六十天的生乳起司，使得許多歐洲特產乳酪無法進口美國，都要怪到李斯特菌頭上。在美國，生乳及各種生乳起司，例如莫城布利、卡門貝爾、康提、艾帕瓦絲、拱佐諾拉、瑞布羅申、洛克福等等，都被認為有損害健康的風險。在這些特產起司中，生乳裡的細菌提供了起司特有的風味。但也很不幸，生乳及生乳起司都可能含有李斯特菌，在一些狀況下也真的會導致疾病。

　　單核細胞增多性李斯特菌除了生長在腐爛的動植物殘骸上，也存在於缺乏養分的水窪及凝結水滴中，還在枕頭抱枕的灰塵、草地、牛羊奶，以及人類與動物腸道裡。因此，這種細菌也會出現在使用有機肥料種植的蔬菜上。據估計，有百分之十的人腸道裡有李斯特菌，而且會隨著糞便排出。

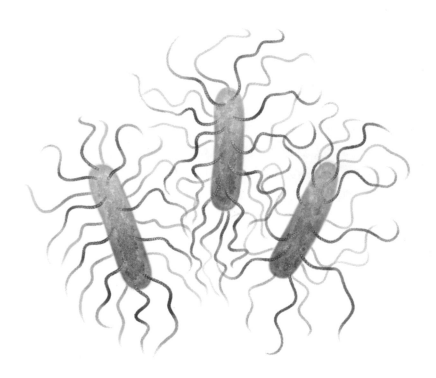

此種細菌偏好攝氏三十度至三十七度的有氧環境，但在無氧及其他溫度下也能繼續存活生長，能忍受的最低溫是四度，最高溫則是四十五度。因此它能在冷藏及真空包裝中的食品，如冷盤、絞肉、牛奶、奶酪、燻魚、即食生菜沙拉中生長繁殖。

單核細胞增多性李斯特菌會引發單核球增多症，菌屬名 Listeria 是以英國外科醫生約瑟夫・李斯特（Joseph Lister）命名。早在一八六〇年，李斯特便提倡無菌手術，這個在今日是理所當然的事，但在當時卻被人嘲諷為「李斯特主義」。李斯特使用苯酚消毒手術區域，並呼籲手術前應洗手及消毒，以及在手術房中使用橡膠手套，並研發所謂的李斯特敷料——浸泡過苯酚的傷口敷料。

一旦吃下帶有李斯特菌的食物，依含菌量多寡及食用者的健康狀況，會在食用後三至七天發病。若身體健康，會出現噁心、嘔吐、腹瀉或如流感一樣的症狀；幼兒及免疫系統較弱的人可能演變成重症，因單核球在血液內大量繁殖，細菌可以透過血液傳到各個器官，引發敗血症或腦膜炎。李斯特菌症雖然可用抗生素治療，但死亡率能高達百分之三十，對未出生的胎兒危險性尤高。儘管孕婦感染可能毫無感覺，但胎兒卻可能死亡或造成永久的傷害，感染則可能透過胎盤或在分娩過程發生。二〇一八年德國有超過七百人感染李斯特菌症。

單核細胞增多性李斯特菌已演化出驚人的能力，可以克服種種障礙在人類細胞裡存活。它可以穿透腸粘膜，也

可以通過血腦障壁和胎盤障壁。一旦細菌進入血液或淋巴液，要不被白血球主動吸收，要不就會藉由所謂的拉鍊機制滲入細胞中，即讓宿主細胞形成一個包住細菌的液泡，並往細胞內傳送。

進入宿主細胞內後，這種細菌便開始破壞包覆它的液泡，並且以每小時一次的速度開始分裂。同時，細菌會與細胞裡的微絲[2]結合，不斷加長末端，最長可達四十微米，是細菌身長的十倍。這個不斷加長尾巴的方式能以每秒一點四微米的速度，推動細菌前進。當撞到宿主細胞的細胞膜，就又會形成隆起，而被附近的細胞吸收。在新細胞中繼續重複之前的步驟，因此細菌就能從一個細胞傳到另一個細胞，而不會被抗體或白血球攔下。

目前正在研發對抗李斯特菌的噬菌體藥劑，使用專門侵襲李斯特菌的病毒。如此一來，食品就可以利用這種藥劑進行預防性處理。

[2] 德文原文為 Fasermoleküle，此指從宿主細胞搶來的 actin filament，又譯肌動蛋白纖維。

Campylobacter jejuni
空腸曲狀桿菌

形狀：螺旋扭曲小桿狀

長：0.5至5微米

寬：0.2至0.5微米

前進：細胞兩端各有一根鞭毛，因
此細菌能以翻滾或像軟木塞螺絲錐
軌道移動

　　每一年，都有數百萬人與空腸曲狀桿菌發生不怎麼愉
快的親密接觸。這種細菌是導致人類嚴重腹瀉最常見的病
因，早在一八八六年，德國細菌學家特奧多‧埃舍里希便
已觀察到且鑑識出這種細菌，但卻無法成功培養。只要五
百個菌體就會引起感染，潛伏期通常為二至五天，疾病症
狀是水狀腹瀉、絞痛、伴隨劇烈的腹痛及發燒。也可能產
生血便。

　　世界各地都會發生空腸曲狀桿菌感染，因為來自小腸
──精確來說應該是空腸[3]，是小腸的一部分──的曲狀
桿菌存活在無數動物的腸道裡，例如野生動物、狗貓之類
的寵物，以及牲畜，特別是家禽。德國最常見的感染源便

[3]　約在十二指腸和迴腸之間。

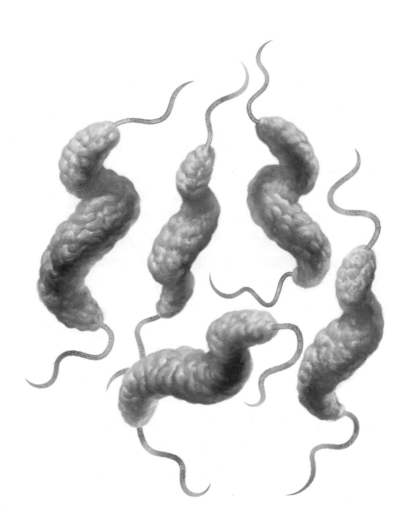

是禽類肉品，通常是在屠宰過程表面受到感染，再經由人手或廚房用具沾染在其他食物上。這種細菌在攝氏四十一度左右的溫度下分裂速度最快，這也正是鳥類的正常體溫。它們與沙門氏菌和大腸桿菌（→268頁）的區別在於無法在宿主體外繁殖，但可以在環境或食物中存活數天，在冰箱的溫度下甚至可以存活數星期。

因此，廚房衛生非常重要，生禽肉品應與新鮮蔬菜分開處理，特別是生菜沙拉。衛生專家也呼籲不要清洗禽肉，因為細菌可能會在清洗過程經由飛濺的水滴、碗盤及水槽散布開來。德國感染此細菌的原因通常是飲用生乳，食用半生不熟或甚至全生的肉類，或者與寵物太過親密也可能感染，還有一個感染可能性則是在池塘或湖泊游泳。在南半球的國家，未經加氯消毒的自來水也可能是感染源。

在腸道裡，這個靠兩根鞭毛移動的螺旋狀細菌會穿透腸道內面的黏液，貼在腸道細胞上。隨著菌的生長，依菌株不同會釋放出各種不同的毒素。有些會破壞腸道細胞，導致發炎，嚴重程度取決於毒素的數量和類型。通常病情會自行好轉，攝入足夠的液體是最重要的治療方式。只有在少數狀況下，才需要抗生素治療。這種細菌的某些表面蛋白，會在一些人身上引發自體免疫疾病，也就是所謂的格林－巴利症候群，一種會導致神經發炎及癱瘓症狀的疾病。至今還沒有研究能夠說明，空腸曲狀桿菌如何在家禽體內生活，但有證據顯示，若受到極大量的細菌感染，雞也會表現出輕微的症狀。

空腸曲狀桿菌的基因體也頗為奇特，有別於目前研究過的多數細菌，此種細菌負責生產某些代謝途徑元素的基因，並未整合成功能性單位，而是像馬賽克一樣散布在整個基因體中。更奇怪的是幾乎完全沒有受損基因的修復系統，而且某些基因片段還呈現出相當大的變異性，這些現象至今也尚未找出合理的解釋。

Legionella pneumophila
嗜肺性退伍軍人桿菌

形狀：小桿狀
長：2至20微米
前進：透過單極鞭毛
特別之處：絕對性需氧

　　Legionella pneumophila 這個學名字面上的意思是「偏好肺的小軍團」，取名自一九七六年七月在美國退伍軍人協會成員中爆發的一場感染事件。事件裡所有感染者，都參加了該協會舉辦在費城一家飯店的大會，返家後開始出現肺炎症狀，除此之外也有飯店員工及其他客人患病。一百八十二名受感染的人當中，二十九人死亡，因此，這莫名的感染疾病便被稱為退伍軍人症。

　　最初懷疑是病毒引起，直到疫情爆發六個月後，方才確定病原體是一種從前未曾發現過的細菌。

　　嗜肺性退伍軍人桿菌生長在一般土壤，也在盆栽土壤、堆肥、腐植土以及淡水裡，過著兩種截然不同的生活。這種細菌可獨立生存於自然環境中，不受惡劣的生活條件、消毒劑和抗生素的威脅，會在水中形成一層堅韌的生物膜，每平方公分的生存菌數可高達十萬。同時，它們也會寄生在阿米巴變形蟲及纖毛蟲等單細胞生物裡。它們透

過線毛接觸宿主，若被該細胞接納，會被包覆在一個保護罩般的液胞中，並從內部分泌物質，確保自身得到供給。幾分鐘內，被侵入的宿主細胞所有新陳代謝都被挾持且重新設置，細菌也就開始迅速分裂繁殖。

不過，對單細胞生物而言，感染並不一定致命。若細胞內存在其他內共生細菌，退伍軍人桿菌的繁殖速度就會緩慢許多，而且無法產生某些毒素，這個狀況下，它們的生長會在控制之中。

寄生於變形蟲和纖毛蟲時，嗜肺性退伍軍人桿菌可以在缺水及缺養分的狀況下存活。通常是因為單細胞生物將自己封閉起來，直到生存條件變好才轉活。寄生於其中的退伍軍人桿菌，也因此得以在惡劣的環境中存活數週甚至數月。

如果退伍軍人桿菌侵入供水系統，它們會在熱水鍋爐、水管、空調系統、冷卻水塔等等設備中形成生物膜。在這種情況下當人們淋浴或在三溫暖裡吸入含有細菌的水蒸氣時，嗜肺性退伍軍人桿菌就會感染肺部的吞噬細胞，並像阿米巴變形蟲裡那樣開始分裂繁殖。這情況很致命，因為這些吞噬細胞是在血液和組織中自由移動的白血球，主要的任務便是吞噬並消化入侵的細菌及其他異物。

然而此種細菌在逃過吞噬後，還在吞噬細胞中繁殖，並會產生毒素及酵素使肺部受損並導致嚴重肺炎，對老人、吸菸、患有慢性疾病或免疫力較差等族群特別危險。德國在二〇一八年有一千四百四十三人罹患退伍軍人症，

這個疾病雖然能用抗生素治療，但死亡率能仍達百分之十至百分之十五。此疾病不存在人傳人的風險。

　　為預防這個疾病，飯店及游泳池等設施中的熱水爐和輸水管道，每日應以攝氏六十度以上的熱水沖洗。

Helicobacter pylori
幽門螺旋桿菌

形狀：捲曲的小桿
長：3微米
直徑：0.5微米
前進：透過排列於細菌一端四至六
根鞭毛活動

幽門螺旋桿菌存在於人的胃裡，在其他任何地方至今
都未發現其蹤跡。這種細菌不僅能適應具腐蝕性胃酸，還
會導致胃及十二指腸發炎、潰瘍、癌症。由於太不尋常，
因此學界長久以來一直對此菌的存在，以及其與上述疾病
的關係抱持懷疑的態度。

但實際上已有無數的證據，證明其存在。例如，在日
本有學者發現胃裡面有會動的螺旋狀細菌；在中國已證實
可用抗生素治療胃潰瘍；澳洲學者羅賓・沃倫與巴里・馬
歇爾發現這種奇怪細菌的存在與胃潰瘍有高度相關性。他
們懷疑兩者之間也具因果關係，但當時學界並不接受這種
說法，畢竟數十年來都認為壓力與生活習慣是導致胃黏膜
發炎及潰瘍的原因。直到一九八四年，健康的馬歇爾吞下
從患者胃中採集所得細菌之培養菌種，並在三天後胃黏膜
發炎，學界才接受這個說法。二十一年後，這兩位澳洲醫

255

生因此獲得諾貝爾獎。

　　這種拿自己身體來實驗的方式在細菌學中甚為少見，因為結果通常是致命的。一八九五年，秘魯醫學院學生丹尼爾・阿爾西德斯・卡里翁便因此喪命：為了證明所謂的秘魯疣是奧羅亞熱的慢性病徵，他請朋友從一名十四歲男孩身上的疣抽出血液，注入他的體內。這個實驗成功地獲得確實的證據，因此今日這個疾病也稱為卡里翁病，但卡里翁也因此死於這個疾病，他的朋友則被控涉嫌謀殺，最後無罪釋放。

　　另一個因親身實驗而聲名大噪的例子是德國衛生學家馬克斯・馮・佩騰科夫。一八九二年，他在課堂上當著眾多學生之面喝下一杯約含十億霍亂病原菌的水，結果出現嚴重腹瀉，但還好並未因此喪生。有人猜測，當時已經七十四歲的佩騰科夫可能之前就曾感染過霍亂，已有免疫力，才能逃過一劫。

　　全世界的人胃中都可能找到幽門螺旋桿菌，據估計，超過一半的人口遭受感染，但只有約百分之十至百分之二十的人，後來會在胃及十二指腸出現發炎或潰瘍的狀況。此種疾病現在已經可以使用綜合抗生素治療。若不治療或太晚治療，就可能會演變成癌症。這個病原菌的傳染方式可能經由急性腸胃炎患者的嘔吐物，傳染給近身接觸的人。

　　這種細菌會利用鞭毛穿透胃壁上厚厚的黏液層，並保護自己不受胃酸侵蝕。通常它會附著在胃黏膜的細胞上，作為其主要生長環境，藉由分解附近的尿酸，產生氨來中

和鹽酸[4]，使週遭環境變成中性。當細菌數量龐大時，胃黏膜就會因氨受損。某些類型的幽門螺旋桿菌還會因不明原因製造特殊蛋白，侵入胃黏膜細胞裡，並改變這些細胞的形狀及大小，最後摧毀細胞。上述種種都會導致發炎、潰瘍，甚至致癌。

幽門螺旋桿菌可能已伴隨人類十多萬年了，連五千年前的歐洲冰人奧茲胃裡都有這種細菌。從此菌基因體中的一些片段顯示出，它的祖先可能是以人類的食物維生。比對此病原菌的基因鑑定可以推知，這種細菌應該早在五萬年前就抵達歐洲，並能適應各種文化中不同的飲食習慣。由於以上種種原因，學者懷疑胃裡的幽門螺旋桿菌也可能具有抵抗腹瀉、結核菌、氣喘、克隆氏症、胃食道逆流、食道癌等疾病的功能。因此是否該用疫苗預防，仍存有許多爭議。

[4] 胃酸的主成分。

Staphylococcus aureus
金黃色葡萄球菌

形狀：圓形
直徑：0.8至1.2微米
顏色：實驗室培養出的菌落呈金黃色
前進：不會主動移動
出現形態：常會結成如葡萄串狀
特別之處：不會形成孢子

　　金黃色葡萄球菌又是一個原本無害，但卻可能在短時間內演變得致命危險的細菌。這種細菌生長在水域及食物中，但也存在人與動物的皮膚及黏膜上。根據研究，大約有一半的人身上有金黃色葡萄球菌：百分之二十的人身上一直帶菌，百分之三十的人則曾經帶菌。由於這種細菌在演化的過程中已經變得非常適應人類身體，因此它們可以在不傷害人體的情況下生長繁殖。

　　儘管如此，有時這種細菌還是會引起致命的疾病。在金黃色葡萄球菌導致的疾病中，最常見的是食物中毒，通常無害。這並不是因為感染引起，而是因為受污染的食物中帶有細菌產生的毒素，無法經由烹煮消滅。中毒症狀（尤其是腹瀉）可能很快就會出現，也可能幾天後才會出現。發病時間長短從半小時到數天都可能。

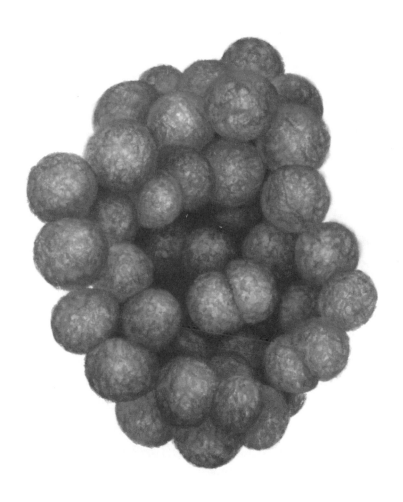

人體上，金黃色葡萄球菌偏好鼻子，能和其他細菌一起生活其中，且會從抹鼻子的手或趁打噴嚏轉移至傷口。金黃色葡萄球菌也可能透過握手、皮膚接觸以及共用毛巾或浴巾等方式傳播。

若它進入體內，有可能引起嚴重感染，但也不總如此。一方面要看感染者的健康狀態，另一方面生活在人身上的葡萄球菌屬，至少有十種不同的家族，危險性差異很大。如果是攻擊性強的菌種，再加上感染者的免疫力差，金黃色葡萄球菌就可能會大量分裂繁殖，嚴重損害健康。

若它長在皮膚上就會產生水泡、膿包、腫脹等發炎現象。若侵入血液，可能導致肺、骨髓或腦膜和心臟內壁發炎。金黃色葡萄球菌也是乳腺炎的主要原因，偶爾也會導致中毒性休克或敗血症這類死亡率極高的疾病。

金黃色葡萄球菌能長期潛伏在體內不被發現，能侵入細胞內並蟄伏數年，直到免疫系統失調時才爆發出來。另一個潛伏處是人造心臟瓣膜、人造關節、心律調節器，以及從皮膚插入體內的導管與其他侵入性醫療器材的表面。細菌在這些設備上會形成很難去除的生物膜，而且不怕消毒劑，進入人體後在適合的條件下便會繁衍開來。

一旦發生感染，金黃色葡萄球菌的幾個生理機制會令它變得相當危險：包覆這個細菌的保護膠囊，精確來說是細菌表面某些蛋白質，能保護細菌不受抗體或白血球吞噬。它還會導致凝血，讓自己被一層彼此黏凝的血纖蛋白組成的保護壁包圍。當細菌大量繁殖後，會從內部打破這

層保護壁並分泌酵素，將附近的組織溶解。不同家族的細菌還會分泌不同的毒素攻擊白血球，使細胞穿孔並使其毫無節制地釋放出細胞激素。體內若充滿細胞激素，就會引起致命率極高的中毒性休克綜合症，癱瘓循環系統並造成器官衰竭。

一八八一年，蘇格蘭外科醫生亞歷山大・奧格斯頓爵士最早發現這種細菌，當時被認為是傷口感染的主要原因。儘管在一九三〇年代，已經可以透過凝固酵素測試檢驗病患是否感染，但仍無藥可治。類似的困境近來年引起廣泛的討論，尤其是有了基因檢測之後，可以在發病前就檢查出像亨丁頓舞蹈症這類無法治療的疾病。一九四一年，感染金黃色葡萄球菌的患者首度以剛發現的盤尼西林抗生素治癒。當血液感染金黃色葡萄球菌時，不治療的話會出現約百分之八十的死亡率，若施以抗生素治療，依感染菌株、年齡、健康狀況不同，死亡率可降至百分之十五至百分之五十。不過，在那之後很快就出現第一個對盤尼西林有抗藥性的金黃色葡萄球菌菌株，會製造青黴素酶分解抗生素，使其失去效力。自一九六〇年起，從醫院採集到的細菌樣本，其中百分之八十的菌株都有抗藥性。今日則幾乎百分之百。一九五九年甲氧苯青黴素問世，這是一種經過修飾，無法被青黴素酶分解的盤尼西林。但沒多久，就在一九六〇年代初期，便出現對甲氧苯青黴素有抗藥性的菌株了。

此後，對其他類型的抗生素產生抗藥性的菌株也陸續

出現，通常是多重抗藥性，而且主要發生在抗甲氧苯青黴素金黃色葡萄球菌（縮寫為MRSA）上。因此現在縮寫第一個字母M已變成多重抗藥性（multi-resistance）之意。MRSA菌株不僅對所有β-內醯胺類抗生素有抗藥性，對其他多種抗生素也有完全不同的抗藥機制。雖然現在仍有一些所謂的「最後手段藥物」對MRSA有效，但也已經發現對部分這些藥物已產生抗藥性的金黃色葡萄球菌菌株了。感染者通常會接受好幾種不同抗生素組成的綜合療法，這些抗生素雖然無法消滅金黃色葡萄球菌，但至少能削弱它們，直到人體免疫系統可以對抗它們的程度。

MRSA主要感染源來自醫院、老人院及其他療養機構，細菌會在各種器械、設備表面及所有可能的物體上生長，也會經由員工從一個病人帶到另一個病人身上。在引起難以治療的感染上，來自畜牧業所產生之MRSA菌株的幾乎沒有影響，在已知的病例中只有不到百分之五的案例，而且基本上對所有重要的治療用藥都很敏感。這也代表，造成難以治療之感染的MRSA中，有百分之九十五來自醫界本身環境。

MRSA的例子顯示，我們必須對不斷擴大的抗藥性範圍採取必要的措施。在尚未診斷出病原體及其弱點（也就是對抗生素的敏感性及抗藥性）之前，不用抗生素治療是很明智的。這種只要幾小時就能快速診斷的技術與方式早就存在，只因為價格問題並未全面使用。而抗生素也不該像在許多國家那樣，無須醫生處方到處都能購買。

另一方面，對新型抗生素及其他治療可能性也急待進一步的研究。二〇一九年五月，噬菌體療法成功地治癒一名少女。當時她所感染的細菌對抗生素具強大的抗藥性，因而命在垂危，醫生利用噬菌體感染病原體，使其在患者體內大舉消滅這些細菌，直至患者免疫系統啟動殲滅最後剩餘的細菌。這種只能攻擊特定菌種的噬菌體，在醫學上極具發展潛力。

Serratia marcescens
黏質沙雷氏桿菌

形狀：圓頭小短桿
長：0.9至2微米
直徑：0.5至0.8微米
前進：使用布滿於細胞表面的鞭毛

因創造神蹟的能力，粘質沙雷氏菌在歷史上早已被記下一筆。正如我們今日所知，所謂的聖血神蹟[5]其實是這種細菌所導致，而這類神蹟至今仍能感動無數信徒。但令科學家歎服的，是此細菌諸多功能及超強的適應能力，除此之外，它還是一個危險的病原菌——對人類以及珊瑚都是。

這種細菌是在一八一九年發現的，當時義大利帕多瓦藥劑師巴洛托米奧·比齊奧想要弄清楚為何腐敗的義式玉米糊會染上一層紅色。在顯微鏡底下他發現那層紅色物質裡有微生物，遂將其命名為 *Serratia marcescens*，其中屬名 *Serratia* 源自佛羅倫斯物理學家及蒸汽輪船造船技師塞拉菲諾·沙雷提（Serafino Serrati），也是比齊奧的物理老師，種小名 *marcescens* 意為腐爛，因這細菌一旦形成菌落很快

[5] 獻身聖體、耶穌基督、聖母瑪利亞、其他聖人或其遺物圖像上流血般的現象，以及血液遺物的再液化。

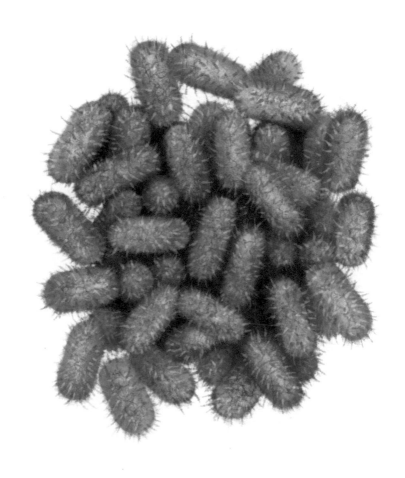

就會變成黏糊一團。

　　粘質沙雷氏菌以腐爛的有機物質為生，而且幾乎無所不在，在土壤、在水中，也在植物及動物身上。在大量繁殖時，有時會出現紅色色素，不僅出現在比齊奧那碗腐敗的玉米糊，也出現在聖餐所使用的無酵餅上。而這也就是發生在無酵餅上聖體神蹟的原因：無酵餅因細菌而染紅，就會突然開始「流血」。自十四世紀以來，開始使用不加酵母的麵糰製成聖餅後，便出現這種現象。在天主教信仰中，這種現象被拿來證明麵包與酒在彌撒時會轉化成耶穌基督的肉與血，也就是聖餐變體論。也因此這種色素被稱為靈菌紅素（prodigiosin），源自拉丁文 *prodigium*，奇蹟之意。

　　最著名的聖血奇蹟發生在一二六三年的博爾塞納，一位不相信聖餐變體論的波希米亞教士，在彌撒中掰開一塊聖餅發現已染成紅色。這個聖血奇蹟也促成了天主教基督聖體聖血節的訂立。

　　粘質沙雷氏菌的抵抗性與適應力，在細菌中皆是佼佼者。它在消毒劑、二次蒸餾水、隱形眼鏡或血袋的清潔液中都能存活，能在溫度攝氏四度至三十七度的環境下分裂繁殖，也可以在腸道及海水中存活，並會分泌大量的酵素，消化蛋白質、脂肪、核酸以及昆蟲甲殼。此外還會分泌沙雷溼潤素（Serrawettin）這種生物界面活性劑，使這種細菌能附著在許多東西的表面上，並同時殺死其他細菌。

　　長久以來，粘質沙雷氏菌一直被認為是無害的細菌，

一九五〇年九月，美國海軍在舊金山海灣進行名為「海上噴灑」祕密行動時，甚至拿這個細菌來模擬生物武器的攻擊。如今我們已經知道，這個細菌會引起呼吸道和泌尿道、眼睛甚至心臟內膜及骨髓種種感染。這些感染通常發生在醫院手術或靜脈注射時，除此之外海洛因成癮的人也特別容易感染。還有受污染的藥物也會引起。除了人類會因粘質沙雷氏菌感染致病，石珊瑚也會因這種細菌引起白痘病。現已證實，這些細菌是來自人類糞便，經由未處理的污水排進海水所致。珊瑚在遭受感染後會開始分泌大量的黏液，一天之內，所有鈣質骨骼上整個活生生的珊瑚蟲族群就會消失，只剩下骨架。這種細菌如何從腸道溫暖環境轉換到海水既鹹又冷的環境，且在一個擁有完全不同代謝機制的生物上生存，至今仍是一個未解之謎。而且，它還會感染並殺死昆蟲，例如蠶、蚱蜢、蜜蜂，是導致冬季蜂群數量銳減的原因之一。

Escherichia coli
大腸桿菌

形狀：類似兩端帶有圓頂蓋的圓柱體
長：約2微米
直徑：約1微米
前進：使用均勻布滿於細胞表面的鞭毛
特別之處：會產生酸

關於大腸桿菌，還有什麼新鮮事可說？這種生長在我們腸道裡，連中學生都知道這個常被縮寫成 *E. coli* 的細菌，是百餘年來微生物學家及分子生物學家的寵兒，也是醫學院及生物系學生細菌研究的經典對象。自一九七八年起，人體胰島素成功轉移到細菌後，它也成為最常被拿來當成生產生物，用來生產重組藥物、維生素、精細化學原料及種種常被稱為生物製劑的物質。

大腸桿菌堪稱是全世界細菌中，被研究得最為澈底的一種細菌。網路上關於這種細菌的資料超過一億筆，自一九七三年來，MEDLINE 醫學資料庫[6]收錄了超過三十八萬篇研究此細菌的學術文獻，這也難怪許多諾貝爾獎得主的研究都與之有關。

[6] 美國國家醫學圖書館製作的一個資料庫，收錄生命科學所有領域的期刊文獻，尤其以生物醫學為重。

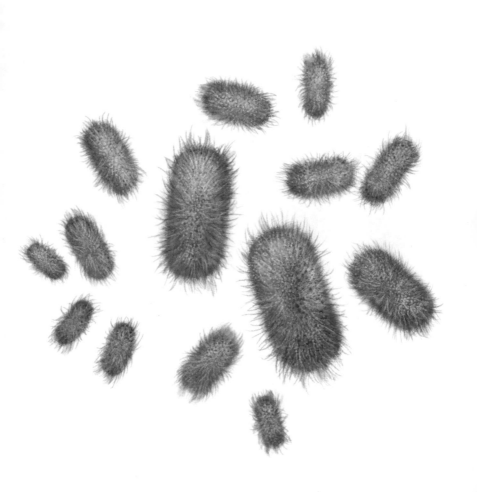

儘管如此，大腸桿菌的雙面性格仍然一直是個謎：一方面它是每個人腸道裡必備且無害的微生物，另一方面它卻能引起嚴重的疾病。

　　自一九二〇年代以來，人們已經知道大腸桿菌會引起泌尿道感染，還可能導致醫院感染及敗血症。敗血症是一種透過血液循環的感染疾病，所有器官都會遭受感染。

　　除此之外它還可能導致腸道疾病，甚至引起致命的傳染病。例如，德國二〇一一年便有超過四千三百人因感染大腸桿菌而致病，感染者不僅嚴重腹瀉，不少人甚至出現腎衰竭的現象，五十人因而死亡。感染來源是以葫蘆巴種子栽植的芽菜，這種芽菜在市場上常被當成點心或沙拉配菜販售。這些種子受到一種特殊的菌株感染，名為「腸道出血性大腸桿菌」（Enterohemorrhagic *E. coli*，縮寫為EHEC）。在自然界中，EHEC生長在牛、羊、鹿之類的反芻動物腸道裡。排泄出這種細菌的動物，並沒有任何生病的跡象。同樣的，有些受到EHEC感染的人也是如此。這些動物與人都是無症狀感染者，隨著他們的糞便，細菌進入周遭環境，EHEC菌株可在土壤及水中存活數週，吃下十個菌體就足以致病。

　　EHEC菌株也會產生細胞毒素，導致嚴重疾病，對嬰幼兒、老年人以及免疫力差的人尤其危險。對這些族群而言，生奶、生肉火腿、生碎肉等就是可能的感染來源。另一個對幼童的可能感染來源則是家畜，或者動物園裡的可愛動物區。

近來研究發現，大腸桿菌各種菌株之間很常交換彼此的遺傳資訊，而且每次只會轉移一小段基因體。這種彼此間的基因轉移會促使大腸桿菌的代謝系統進化，今日研究人員可舉出三千多個進化的例證。而這種進化，能使菌株迅速適應原本在上一代還很難甚或無法生存的惡劣環境，而存活下去。這麼小的變化竟然能產生這麼重大的影響，使研究人員非常訝異。同時，這也解釋了大腸桿菌強大的適應力，以及從無害的腸道細菌變成危險病原菌這樣巨大的變化。

　　大腸桿菌學名是以德國小兒科醫生狄奧多‧埃希利西（Theodor Escherich）命名。埃希利西在新生兒及嬰兒的腸道裡發現這個細菌（種小名 *coli* 的來由，拉丁文「大腸」之意），並在一八八五年首度稱其為大腸細菌群（Bacterium *coli commune*），並在隔年以「嬰兒的腸道細菌與消化生理之關係」為題發表升等論文。此篇論文使他成為小兒科中首屈一指的細菌學專家。他一生都致力於改善分娩時的衛生問題以及嬰幼兒的照護。為了紀念他，此菌在他辭世八年後的一九一九年，正式以他的名字命名。

後記

　　能挑出五十種基於不同原因都很重要的細菌來寫一本書，榮幸的同時也感到棘手。其中最困難的，就是決定哪些不提。

　　這個世界上還有許多細菌具有驚人的特性值得放進這本書，讓我介紹更多迷人的微生物給讀者。同時，關於個別細菌也都還有更多內容可以談論。只是這樣一來，我能選進書中的細菌種類就更少了。

　　我必須省略許多菌種不提，有些是因為太偏離主題，有些則是因為目前我們所知還太少。

　　就像細菌生態學的研究，還處於起步的階段。但愈來愈可確定的是，細菌不僅可以在相對來說算是較短的時間內，使整個生態系統改觀，甚至對地球大氣層及氣候也是。至於細菌與真菌、高等動植物，尤其是我們人類等其他生物的交互影響，我們至今所知仍然甚少。

　　除此之外，本書應該對細菌之間的溝通交流著墨更多才是。我們知道細菌在特定的狀況下會彼此協調合作，會互相交換遺傳資訊。但我們不知道，這些事情發生的範圍有多廣，也不知道影響這些過程的因素為何。未來幾年

內，研究人員對這個問題一定會知道得更多。

　　上述兩個主題，也就是細菌的生態及溝通交流，對全世界都很重要。原因有二：首先，在研究氣候變化時，我們對細菌所造成的影響甚少研究。其次，只有更加理解細菌生態及其彼此如何溝通交流，才能確保細菌性傳染病不會再次成為人類的噩夢。想想不過就在一百年前，手指不小心被紙割傷都可能引起致命疾病。

　　由於細菌學的知識不斷增長，本書最遲在十年內應該就會出現續集。舉個例子來說，十年前沒人想到細菌可能具有免疫系統之類的機制。今日，我們驚訝地發現，這些相對來說構造簡單的微生物，竟然擁有如此巧妙的機制，可以防禦病毒入侵。細菌身上還有哪些隱藏的能力，我們尚未發現呢？

　　每一天的新發現，都會讓我對這類生物的複雜及多樣驚歎不已，還有它們的適應能力，實在令人難以置信。在經歷過宇宙浩劫、冰期、間冰期，還有數次地球大氣層翻天覆地的變化後，細菌不僅存活下來，而且幾乎征服了地球的每一個角落：生命是如此堅韌不撓，一旦占據某個星球，似乎也就不可能完全滅絕。這真是一個令人著迷，且相當激勵人心的認知。

　　最後還有一點不能不提，細菌這種小生物可是關乎人類的大問題：為什麼我們的星球存在生命？是宇宙裡唯一一個有生命的星球嗎？生命型態的產生真的很難嗎？是否各種條件必須同時滿足才會發生？或者，一旦滿足特定

的前提要件後，便必然產生生命？又需要什麼樣的條件，才能從最初的生命型態演化出各式各樣的物種？

在我們更了解細菌起源後，或許我們就能找到這些問題的答案。而這些問題，最終都導向我們「人類為何存在」的大哉問。

參考書目

Silvia Berger : *Bakterien in Krieg und Frieden : Eine Geschichte der medizinischen Bakteriologie in Deutschland, 1890–1933* (Wissenschaftsgeschichte), Gottingen 2009.

Gerhart Drews : *Bakterienihre Entdeckung und Bedeutung für Natur und Mensch*, Heidelberg 2015.

Richard Evans : *Tod in Hamburg. Stadt, Gesellschaft und Politik in den Cholera-Jahren 1830–1910*, Reinbek 1990.

Christoph Gradmann : *Krankheit im Labor. Robert Koch und die medizinische Bakteriologie* (Wissenschaftsgeschichte), Gottingen 2005.

Maxime Schwartz und Annick Perrot : *Robert Koch und Louis Pasteur : Duell zweier Giganten*, Darmstadt 2015.

Ed Yong : *Winzige Gefahrten : Wie Mikroben uns eine umfassende Ansicht vom Leben vermitteln*, Munchen 2018.

Philipp Sarasin, Silvia Berger, Marianne Hanseler und Myriam Sporri (Hg.) : *Bakteriologie und Moderne – Studien zur Biopolitik des Unsichtbaren 1870–1920*, Frankfurt/M. 2006.

Lohnenswert ist auch der Besuch des Micropia-Museums in Amsterdam, das Bakterien und anderen Mikroben gewidmet ist :
https ://www.micropia.nl/en/#gref

Alan Shinn aus Kalifornien stellt Replikas von Leeuwenhoeks Mikroskopen her: http ://www.mindspring.com/~alshinn

Wer selbst Experimente machen will, findet Anregungen und Ausrustungen zum Beispiel bei https ://www.magicalmicrobes.com
oder http ://www.leuchtlabor.de.

Mit den dort erhaltlichen Kits lassen sich mikrobielle Brennstoffzellen oder Bakterienlampen herstellen.

名詞對照

海因茲・斯托爾普 Heinz Stolp

海倫娜・克爾澤米涅斯卡 Helena
Krzemieniewska

特奧多・埃舍里希 Theodor Escherich

馬克斯・馮・佩騰科夫 Max von
Pettenkofer

理查・P・布雷克摩爾 Richard P.
Blakemore

華特・H・伯克霍爾德 Walter H.
Burkholders

華特・米古拉 Walter Migula

費迪南・尤利烏斯・科恩 Ferdinand
Julius Cohn

塞拉菲諾・沙雷提 Serafino Serrati

奧圖・坎德勒 Otto Kandler

奧圖・李登布洛克 Otto Lidenbrock

愛德華・O・威爾森 Edward O.
Wilson

瑟基・尼古拉耶維奇・溫諾格列斯基
Sergei Nikolaievich Winogradsky

詹姆士・希瓦 James Shewan

路易・巴斯德 Louis Pasteur

漢斯・克里斯蒂安・革蘭 Hans
Christian Gram

漢斯・默里許 Hans Molisch

維克多・J・弗利曼 Victor J. Freeman

德里克・洛夫利 Derek Lovley

儒勒・凡爾納 Jules Verne

黛安・柯悌思 Diane Curtis

薩爾瓦多・貝里尼 Salvatore Bellini

羅伯・柯霍 Robert Koch

羅賓・沃倫 Robin Warren

麗塔・科爾韋 Rita Colwell

地名和河海名——————

比特費爾德 Bitterfeld

加約萊 Gaiole

卡拉哈里 Kalahari

卡納維爾角 Cape Canaveral

伍茲霍爾 Woods Hole

安達魯西亞 Andalucía

艾德昂 Ideon

亞當斯平原 Adams Flat

奇揚 Chianti

姆波內格 Mponeng

帕多瓦 Padova

帕維亞 Pavia

拉霍亞 La Jolla

明斯特 Münster

法屬圭亞那 Guyane française

威特沃特斯蘭德 Witwatersrand

科瓦利斯 Corvallis

紅酒河 Rio Tinto

哥斯大黎加 Costa Rica

埃文河畔斯特拉特福 Stratford-up-
on-Avon

恩吉斯 Engis

納米比亞華維斯灣 Walvis Bay

馬尾藻海 Sargasso Sea

馬里亞納海溝 Marianas Trench

博克島 Borkum

博爾塞納 Bolsena

堺市 Sakai

斯卡倫山區 Skallen hill

塞維索 Seveso

奧奈達湖 Oneida Lake

煤油點滲流場 Coal Oil Point seep

280

field（COP）
圖林根 Thüringen
漢堡莫爾弗里特區 Hamburg-Moor-
　　fleet
墨西哥灣 Gulf of Mexico
魯賓遜嶺 Robinson Ridge
薩爾斯干馬格特 Salzkammergut
薩爾蘭 Saarland

書籍刊物專輯名 ———————
〈金屬愛好者的偉大之作〉*The Great
　　Work of the Metal Lover*
《地心探險記》*Voyage au centre de la
　　Terre*
《耶布堤酋長》*Sheik Yerbouti*
《飛頁》*Fliegende Blätter*
《庭園小屋》*Die Gartenlaube*
《紐約時報》*New York Times*
《惡臭與芬芳》*Le Miasme et la Jon-
　　quille*
《微生物世界》*Mikrokosmos*
《酪農業中的細菌學：給酪農學
　　徒、乳酪師、農畜業者的入門
　　指南》*Die Bakteriologie in der
　　Milchwirthschaft : Kurzer Grundriss
　　zum Gebrauche für Molkereischüler,
　　Käser und Landwirthe*

機構企業船艦名 ———————
天體生物學研究所 Astrobiology
　　Institute
巴斯德研究院 Institut Pasteur
好奇號 Curiosity Rover

百靈佳殷格翰 Boehringer Ingelheim
彼得科托夫號 Petr Kottsov
阿爾文號 Alvin
威廉皇帝農業研究所 Kaiser-Wil-
　　helm-Institut für Landwirtschaft
海溝號 Kaiko
曼谷瑪希敦大學 Mahidol University
斐昂冶煉公司 Métallurgique de
　　Prayon
斯維爾德洛夫斯克十九號 Sverd-
　　lovsk-19
測量員三號 Surveyor 3
梅達化工廠 Industrie Chimiche Meda
　　Società
奧勒岡農業研究所 Oregon Agricul-
　　ture Research Institute
農神五號 Saturn V
維京號 Viking
赫歇爾太空望遠鏡 Herschel space
　　observatory
德國巴斯夫化學企業 BASF
德國研究協會 DFG
德國微生物及細胞培養保藏中心
　　Deutsche Sammlung von Mikroor-
　　ganismen und Zellkulturen
整合海洋鑽探計畫 Integrated Ocean
　　Drilling Program，簡稱IODP
聯合果敢號 JOIDES Resolution
蘭德斯懷勒─雷登生物資料中心
　　Landsweiler-Reden Zentrum für
　　Biodokumentation

細菌群像

50種微小又頑強，
帶領人類探索生命奧祕，
推動科學前進的迷人生物

Winzig, zäh und zahlreich: Ein Bakterienatlas
by Ludger Weß, Falk Nordmann
© MSB Matthes & Seitz Berlin
Verlagsgesellschaft mbH, Berlin 2020
All rights reserved.
First published in the series Naturkunden
edited by Judith Schalansky

細菌群像：50種微小又頑強，帶領人類
探索生命奧祕，推動科學前進的迷人生物／
魯德格・維斯（Ludger Weß）作；
法克・諾德曼（Falk Nordmann）繪；
劉于怡譯. —初版. —臺北市：麥田出版：
英屬蓋曼群島商家庭傳媒股份有限公司
城邦分公司發行，2023.03
　面；　公分
譯自：Winzig, zäh und zahlreich :
Ein Bakterienatlas
ISBN 978-626-310-207-1（平裝）
1.CST: 細菌
369.4　　　　　111002907

作　　者	魯德格・維斯（Ludger Weß）			
繪　　者	法克・諾德曼（Falk Nordmann）			
譯　　者	劉于怡			
選書編輯	林如峯			
責任編輯	翁仲琪			
國際版權	吳玲緯			
行　　銷	何維民	闕志勳	陳欣岑	吳宇軒
業　　務	李再星	陳紫晴	陳美燕	葉晉源
副總編輯	何維民			
編輯總監	劉麗真			
總 經 理	陳逸瑛			
發 行 人	凃玉雲			

出　　版

麥田出版
台北市中山區104民生東路二段141號5樓
電話：(02) 2-2500-7696　傳真：(02) 2500-1966
網站：https://www.facebook.com/RyeField.Cite/

發　　行

英屬蓋曼群島商家庭傳媒股份有限公司城邦分公司
地址：10483台北市民生東路二段141號11樓
網址：http://www.cite.com.tw
客服專線：(02)2500-7718; 2500-7719
24小時傳真專線：(02)2500-1990; 2500-1991
服務時間：週一至週五09:30-12:00; 13:30-17:00
劃撥帳號：19863813　戶名：書虫股份有限公司
讀者服務信箱：service@readingclub.com.tw

香港發行所

城邦（香港）出版集團有限公司
地址：香港灣仔駱克道193號東超商業中心1樓
電話：+852-2508-6231　傳真：+852-2578-9337
電郵：hkcite@biznetvigator.com

馬新發行所

城邦（馬新）出版集團【Cite(M) Sdn. Bhd. (458372U)】
地址：41, Jalan Radin Anum, Bandar Baru Sri Petaling,
57000 Kuala Lumpur, Malaysia.
電話：+603-9057-8822　傳真：+603-9057-6622
電郵：cite@cite.com.my

封面設計　許晉維
印　　刷　漾格科技股份有限公司
初版一刷　2023年3月

定　　價　新台幣450元
I S B N　978-626-310-207-1
e I S B N　9786263102804（EPUB）
All rights reserved.
版權所有・翻印必究
本書若有缺頁、破損、裝訂錯誤，
請寄回更換